WEED IDENTIFICATION AND EQUIPMENT DEVELOPMENT
FOR AGRICULTURAL ROBOTS

农田除草机器人
识别方法与装备创制

权龙哲　李海龙　著

U0201586

化学工业出版社

·北京·

内容简介

本书的主要内容涵盖了农田除草机器人的识别方法和装备创制技术。介绍了基于人工智能技术的农田杂草多元识别方法，证明了智能算法可赋能机器人更准确地识别定位杂草，辨识叶龄、鲜重等生物信息，从而提高杂草的防控质量和效率。此外，本书还详细介绍了多种农田除草机器人系统的装备创制技术，包括机器人的框架结构设计、控制系统搭建、动力系统配置、传感器布置和应用软件开发等。

本书可供农业机械从业者，智能装备、智慧农业、农业机器人研究人员以及相关专业高校师生阅读参考，助力提升杂草防除装备的智能水平，为农田杂草防控技术进步添砖加瓦。

图书在版编目（CIP）数据

农田除草机器人识别方法与装备创制/权龙哲，李海龙著. —北京：化学工业出版社，2023.12

ISBN 978-7-122-44476-9

Ⅰ.①农… Ⅱ.①权… ②李… Ⅲ.①除草-农业-专用机器人 Ⅳ.①TP242.3

中国国家版本馆 CIP 数据核字（2023）第 222806 号

责任编辑：冉海滢　　　　　　　　文字编辑：蔡晓雅
责任校对：王鹏飞　　　　　　　　装帧设计：韩　飞

出版发行：化学工业出版社
　　　　　（北京市东城区青年湖南街 13 号　邮政编码 100011）
印　　装：北京科印技术咨询服务有限公司数码印刷分部
710mm×1000mm　1/16　印张 13¼　字数 219 千字
2024 年 3 月北京第 1 版第 1 次印刷

购书咨询：010-64518888　　　　售后服务：010-64518899
网　　址：http://www.cip.com.cn
凡购买本书，如有缺损质量问题，本社销售中心负责调换。

定　　价：98.00 元　　　　　　　　版权所有　违者必究

前 言

　　人工智能、机器人等技术的不断发展和广泛应用，促进了农业机器人技术的长足发展，并成为提升农业生产力水平的重要手段之一。在诸多农业生产环节中，农田杂草防控是一项关键、耗时、耗力的农事作业，因此借助学科交叉与集成创新探索除草机器人技术，对于提升杂草防除装备的智能水平、促进杂草防控技术进步意义重大。

　　本书基于农田杂草防控技术的研发，主要介绍了利用人工智能技术和机器人技术实现农田杂草的识别、机械除草以及精准对靶化学除草的目标。在机械除草方面，本书搭建了一个玉米苗期目标检测系统，利用深度学习技术实现草苗的识别，根据检测结果进行机械除草，并对该系统进行大田试验，结果显示该系统适应田间实际除草作业的需求。为进一步优化除草机器人，将除草效率以及玉米根系伤害考虑进来，创制了立式旋转智能株间除草机器人以及基于玉米根系保护的智能株间除草机器人，所创制的机器人平台能够满足玉米田间除草的农艺要求。在精准对靶化学除草方面，对杂草表型与施药反应进行探究，利用深度学习技术建立精准对靶施药除草机器人，实现精准对靶定量喷施的要求。为进一步优化精准对靶施药除草机器人，对农田杂草目标检测技术进行研究，将其与杂草地上鲜重结合建立杂草实时监测与杂草鲜重预测模型。

　　本书系统地介绍了农田除草机器人的识别方法和除草机器人装备的创制。第一章介绍了玉米苗期中耕维护的重要性，以及如何利用深度学习技术进行玉米苗期目标检测。试验结果表明：算法识别准确率可达 97％，可用于开发除草机器人的识别系统。第二章介绍了一种立式旋转智能株间除草装置的研发过程，并且农田除草试验结果表明，该除草机器人系统的杂草识别准确率达到 85.90％以上，能够为智能株间除草装置的开发提供参考。第三章介绍了一种基于玉米根系保护的智能株间除草装置。经农田试验，结果表明该机器人系统的除草率为 82.75％，伤苗率为 3.08％，伤根率为 5.96％，性能满足玉米田间除草的农艺要求。第四章介绍了基于人工智能技术的杂草表型与施药反应研究，该研究可为精准对靶施药除草技术提供理论依据和基础参数，对于除草剂的精准、定量施用意义重大。第五章介绍了农田杂草目标检测技术与杂草地上鲜重预测模型。设计了一种 3D 点云与杂草地上鲜重标签动态采集方法，开发了一种基于 RGB-D 数据的双流密集特征融合卷积网络模型，搭建了农田和杂草实时检测与鲜重预测系统。本书部分图片以彩图形式放于二维码中，读者扫码即可参阅。

本书总结了编者团队数年从事除草机器人与人工智能技术研究的工作成果，相关研究得到了国家自然科学基金（32271998，52075092）和安徽农业大学高层次人才科研启动基金的资助，得到了王彩霞、冯槐区、李恒达、王旗、吴冰、张景禹等的鼎力相助，在此向支持和关心编者研究工作的所有单位和个人表示衷心的感谢。同时，还要感谢化学工业出版社同仁为本书出版付出的辛勤劳动。由于编者水平所限，虽几经改稿，书中不足和疏漏之处在所难免，恳请专家和广大读者不吝赐教。

权龙哲
2023 年 6 月

目　录

第一章

基于改进 MobileNetV3-SSD 模型的农田苗草识别方法

玉米是中国种植的主要经济作物之一，2021 年其种植面积为 4332.41 万公顷。东北地区是我国的玉米大粮仓，平均玉米播种面积占全国的 38%，玉米产量占全国的 41%，为保障我国的粮食安全做出了巨大贡献[1,2]。由于玉米秧苗形态丰富多样，同一品种的不同实例在颜色和形状上可能存在较大差异，而不同类型的其他物种形态特征与玉米秧苗形态特征又有明显的相似性[3]，因此，在田间工况条件下，由于存在种内差异（玉米秧苗之间）以及种间相似（玉米秧苗与杂草之间）等综合影响，导致玉米秧苗目标检测需要克服多种互动变量。

改进 FasterR-CNN 模型的玉米秧苗目标检测方法的研究集中在玉米秧苗生长的全周期、多天气和多角度[3]，该方法中相机的多角度和玉米秧苗生长的整个周期仍然存在不足。其在三方面需要进行提升：数据采集条件需要进一步细分、FasterR-CNNwithVGG19 检测算法的实时性还需要提升、算法仅在电脑端使用并不能在小型边缘端和终端使用不利于检测算法的实际应用。基于以上三个问题，本章提出了基于全周期和多角度数据集的剪枝 MobileNetV3-SSD 玉米秧苗检测网络，在全周期和多角度条件方面进行了提升和细分，MobileNetV3-SSD 算法在实现实时性的同时，由于其是轻量级网络更适于移至边缘端。

第一节　农田苗草图像数据采集

经典目标检测模型均使用 PASCALVOC 数据集，该数据集是视觉目标类别识别及检测训练和测试的基础数据集[4-7]。PASCALVOC 数据集中包含许多种类别目标，例如飞机、自行车、鸟类、船只、瓶子和公共汽车等类别目标，但是该数据集不包含本章开发模型对应的玉米秧苗类别[6]。因此有必要创建一个玉米秧苗数据集来训练 CNN（卷积神经网络）模型以适应开发。

　　基于上述问题，本章对玉米秧苗生长全周期和多角度条件进行了尽可能深入的研究。如图 1-1 所示，本章研究的数据集试验田位于黑龙江省哈尔滨市东南部的香坊区，以试验田主要品种东农 254 为研究对象。随着图像采集中更多训练数据的出现，预期工作条件下的检测精度将大大提高。该模型将减少适应于当地情况所需的技术负担。

(a) 2019年5月24日，10:02:46　　(b) 2019年5月30日，11:25:14　　(c) 2019年6月2日，07:30:55

(d) 2019年6月8日，08:30:19　　(e) 2019年6月11日，07:31:52　　(f) 2019年6月16日，08:44:48

图 1-1　玉米图像采集试验地

　　为精准识别玉米，数据集的制作是目标检测中较为重要的部分。本章杂草识别方法的数据集是基于玉米的生长周期进行制作的。玉米的生长周期包含：萌发期（种子萌发，播种后一周左右长成秧苗）、苗期（叶片发育）、拔节期（拔节伸长）、抽雄吐丝期、灌浆期和成熟期。其中玉米的苗期是其最需要进行中耕维护的阶段。选取玉米秧苗萌发期的末期发芽破土到拔节期前期拔节长茎（播种后的第 9～53 天），作为玉米秧苗数据采集时期。

一、全周期采集数据

　　全周期采集数据是指从试验田采集玉米秧苗生长全周期视频数据。玉米秧苗的图像采集时间被设定为玉米颖果发芽破土的萌发期末期至玉米植株拔节前期，玉米植株拔节前期时间点也对应着中耕作业封垄的时间点。在试验田中玉米秧苗种植在不同的地块并且有着不同的播种时间，每天采集不同地块的图像，保证 1～7 片叶片的玉米秧苗图像，出苗第 1～30 天采集玉米秧苗图像。

如图 1-1 和图 1-2 所示，从玉米颖果发芽破土的萌发期末期至玉米植株拔节前期的生长阶段，玉米秧苗自身和周围环境有很大的变化。在颖果发芽破土的萌发末期至玉米植株拔节前期的生长阶段，玉米秧苗的整株体积、叶数、叶面积、叶色、纹理等差异较大。这些植物表型上的差异是由生长阶段差异造成的。如图 1-1 所示，玉米秧苗生长过程中伴随的杂草也是逐步生长的。如图 1-2 所示，玉米秧苗在颜色、大小、形状和纹理等特征上存在较大的种内差异。在图 1-2 中 front 表示为正视方向，即以最初两叶展开的方向为正向；top 表示为俯视方向，即从上向下的方向；side 表示为侧视方向，即从两叶展开的侧面垂直方向。

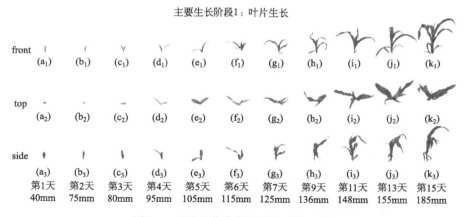

图 1-2   在全周期条件下玉米秧苗图片

二、多角度采集数据

数据采集的田间机器人平台，由于不同的挂载要求对挂载位置产生影响，进而导致拍摄角度发生变化，由于图像拍摄角度的变化而出现了目标检测的差异。Quan 等[3] 研究仅考虑平台应用，没有考虑秧苗多面不同的特性。在玉米颖果发芽破土的萌发期末期至玉米植株拔节前期之间的生长期，玉米秧苗的正视图、俯视图和侧视图之间都存在很大差异。在采集田间生长玉米秧苗的视觉数据时，采集角度不是标准的正视角度、侧视角度和俯视角度，而是以上三者之间的角度。这导致需要在各个方向上调整摄像头角度收集数据，以获得更多玉米秧苗拍摄角度的数据。在这三个典型角度下，在不同生长时期中，同一玉米秧苗的不同样本图片之间存在巨大差异，为降低误差率，需要从更多不同角度进行数据收集工作。在田间工况条件中，不同角度的每种玉米秧苗的形态差异导致检测多角度玉米秧苗的误差率增加。

Quan 等研究仅针对垂直旋转角度 α 的三个角度（30°、75°和0°）[3]，为了提高多角度条件下的检测精度，丰富其采集角度的数据集。在先前三个角度的基础上，α 增加了 90°，形成垂直旋转角度 α 的四个角度（0°、30°、75°和90°），如图 1-3 所示。

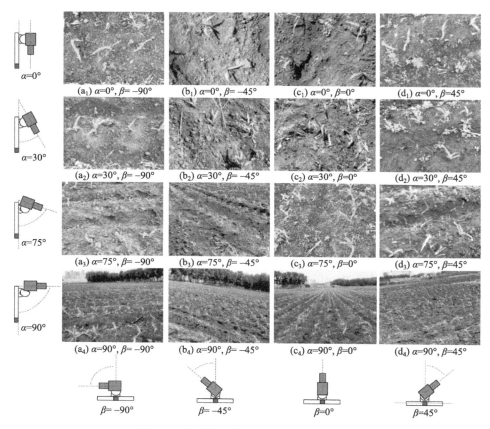

图 1-3　在多角度条件下的玉米图像采集

对于水平旋转角 β 考虑了三个点，经过一年的田间试验，对于计算机视觉技术在机械除草[8]、靶向喷施[9]、靶向追肥[10] 等田间作业中的应用，迫切

需要垂直旋转角 α，辅以水平旋转角 β 采集玉米秧苗图片。基于垂直旋转角 α，增加水平旋转角 β。β 包含四个角度 $-90°$、$-45°$、$0°$ 和 $45°$ 以补充垂直旋转角度 α，垂直旋转角 α 和水平旋转角 β 的组合总共形成 16 个空间旋转角。

第二节　农田苗草图像数据集制作

创建大型农业数据集是一项非常耗时的任务，为保证数据集满足计算机视觉系统要求，使其能有效运行，数据的预处理工作需要考虑诸多因素[11,12]。

一、苗草图像预处理

样本图像环境信息表 1-1 中包括：日期、时间、图片数量、最高温度、最低温度、天气、风向和风力。在全周期和 16 个角度的多角度条件下采集的图片经过数据清洗后的数量，如表 1-2 所示，不同于理想情况的大数据，田间工况条件下存在大量的小数据、脏数据、假数据、违规数据和孤岛数据。数据清理工作需要花费很多精力。对采集的样本图片进行预处理，包括选择合适的视频片段、处理所选的视频以获得样本图片、挑选和剪切原始图片获得样本图片。与其他相关研究不同，由于数据量大，本小节未使用数据增强[11] 对得到的图像进行前景分割。图形图像标注工具是 LabelImg。图像标记是使用轴对齐的边界框，对预处理图像的最大外接矩形进行框选标记。

表 1-1　样本图像环境信息表

日期	时间	图片数量/张	最高温度/℃	最低温度/℃	天气	风向	风力
2019-05-24	10：15—12：42	18298	33	12	晴天	东南风	2级
2019-05-30	09：04—13：49	23353	20	10	晴天	西风	3级
2019-06-02	07：31—11：25	14734	24	11	晴天	西南风	3级
2019-06-05	08：18—11：25	3662	23	13	阴天	西南风	2级
2019-06-06	08：32—11：04	12754	24	16	阴天	西南风	2级
2019-06-11	07：11—09：43	16680	25	16	阴天	西南风	2级
2019-06-16	08：47—11：09	21266	21	9	晴天	东风	2级
2019-06-17	09：55—12：13	19045	30	22	阴天	南风	2级
总计	—	129792	—	—	—	—	—

表 1-2　在全周期和多角度条件下采集到的图片经过数据清洗后的数量表

角度	日期								
	2019-05-24	2019-05-30	2019-06-02	2019-06-05	2019-06-09	2019-06-11	2019-06-16	2019-06-17	每个角度图片总数
$\alpha=0°$，$\beta=-90°$	1250	3948	819	1006	1678	2500	1250	1250	13701
$\alpha=0°$，$\beta=-45°$	1250	3988	824	1015	1027	2500	1250	1250	13104
$\alpha=0°$，$\beta=0°$	1250	1000	943	822	719	1250	1250	2124	9358
$\alpha=0°$，$\beta=45°$	1198	1000	821	819	879	1250	1250	1250	8467
$\alpha=30°$，$\beta=-90°$	0	270	1628	0	266	2496	1209	1250	7119
$\alpha=30°$，$\beta=-45°$	1250	997	416	0	898	1047	1215	1243	7066
$\alpha=30°$，$\beta=0°$	1250	666	629	0	929	1017	2381	1193	8065
$\alpha=30°$，$\beta=45°$	1250	853	749	0	927	1251	1729	667	7426
$\alpha=75°$，$\beta=-90°$	2414	0	436	0	175	1028	1285	1179	6517
$\alpha=75°$，$\beta=-45°$	1379	3782	1005	0	771	146	1069	1128	9280
$\alpha=75°$，$\beta=0°$	1399	1560	1491	0	944	1167	1138	1154	8853
$\alpha=75°$，$\beta=45°$	1418	984	756	0	958	1028	1047	1071	7262
$\alpha=90°$，$\beta=-90°$	1227	1132	921	0	0	0	1100	1170	5550
$\alpha=90°$，$\beta=-45°$	766	1055	874	0	527	0	1878	1143	6243
$\alpha=90°$，$\beta=0°$	0	1038	1374	0	1072	0	1051	973	5508
$\alpha=90°$，$\beta=45°$	997	1080	1048	0	984	0	1164	1000	6273
每天数量总数	18298	23353	14734	3662	12754	16680	21266	19045	129792

注：α 是工业相机的垂直旋转角度，β 是工业相机的水平旋转角度。

二、苗草图像数据鸿沟

针对模块的单元测试、端到端的系统测试都非常重要，但在深度学习的研究中，面对不断变化的数据环境，这些测试不足以证明系统是否会按预设运行。于是，在田间对系统行为的监控就尤为关键[13]。深度学习存在三个缺陷：数据极度贪婪及依赖、运行机制和模型不透明、脆弱性与错误不可控。这三个缺陷导致理想的智能系统与真实的智能系统之间存在一些差距。解决或降低误差率的方案只能通过科学研究和工程来打破，从而提高智能系统在农业应用中的真实价值，本章的研究为实际工况条件下得到的数据生成数据集提供参考，经过标记的图像数量如表 1-3 所示。

表 1-3　经过标记的图像数量

角度	日期								
	2019-05-24	2019-05-30	2019-06-02	2019-06-05	2019-06-09	2019-06-11	2019-06-16	2019-06-17	每个角度图片总数
$\alpha=0°$，$\beta=-90°$	200	200	200	203	200	200	200	204	1607
$\alpha=0°$，$\beta=-45°$	199	200	200	200	202	200	200	200	1601
$\alpha=0°$，$\beta=0°$	200	200	200	204	200	200	199	181	1584
$\alpha=0°$，$\beta=45°$	181	200	200	187	197	200	199	181	1545
$\alpha=30°$，$\beta=-90°$	200	200	200	0	200	200	200	206	1406
$\alpha=30°$，$\beta=-45°$	200	200	200	0	200	200	200	207	1407
$\alpha=30°$，$\beta=0°$	200	198	200	0	207	200	200	216	1421
$\alpha=30°$，$\beta=45°$	197	200	204	0	200	200	200	199	1400
$\alpha=75°$，$\beta=-90°$	200	0	200	0	175	200	200	200	1175
$\alpha=75°$，$\beta=-45°$	199	200	200	0	201	200	200	210	1410
$\alpha=75°$，$\beta=0°$	200	200	200	0	200	200	200	173	1373
$\alpha=75°$，$\beta=45°$	200	200	200	0	199	200	200	200	1399
$\alpha=90°$，$\beta=-90°$	200	199	200	0	0	200	200	206	1005
$\alpha=90°$，$\beta=-45°$	200	193	218	0	200	200	200	161	1172
$\alpha=90°$，$\beta=0°$	200	196	200	0	203	0	200	214	1213
$\alpha=90°$，$\beta=45°$	199	191	200	0	200	0	200	199	1189
每天数量总数	3175	2977	3222	794	2984	2400	3198	3157	21907

第三节　MobileNetV3-SSD 模型改进与可视化

目前，建立在高效构建模块上的移动模型包括 MobileNetV1[14]，MobileNetV2[15]，MnasNet[16] 和 MobileNetV3[17]。与经典神经网络相比，MobileNetV1 将传统卷积层替换为深度可分离卷积（depthwise separable convolution，DSC），提高了性能。与 MobileNetV1 相比，MobileNetV2 主要引入了两个改动：linear bottleneck（线性瓶颈层）和 inverted residual blocks（逆残差结构），使网络层结构更加有效，提高了 MobileNetV2 的性能。基于 MobileNetV2 结构的 MnasNet 使用一系列包含 depthwise convolution（深度可分离卷积）操作的线性连接 blocks，来最大化模型的计算效率。MobileNetV3 是

由 MobileNetV2 改进而来的。MobileNetV3 基于互补搜索技术组合，采用将自动搜索算法和网络设计进行协同工作的方式，改进了基于线性瓶颈层结构和逆残差结构的 MobileNetV2 网络。

一、MobileNetV3-SSD 模型改进

通过自动学习，神经网络不再需要手工制作特征和设计特征描述符。神经网络模型的精度随着模型层数的增加而增加，伴随而来的代价是计算复杂性增加。对于人工智能在农业中的应用，推理边缘设备和终端设备有两个要求，即高精度和低延迟。高精度和低延迟导致深度学习模型需要大量计算机的计算能力和内存，解决此问题的一种方法是提高推理效率，而剪枝对执行实时推理有着巨大的帮助，能够帮助研究人员在计算能力有限的推理边缘设备和终端设备上运行深度学习模型。

剪枝是提高推理效率的方法之一。剪枝根据对 FLOPS 或者时间延迟的要求，将一些不重要的卷积核剪掉，它可以生成较小的尺寸，是使内存利用率更高、能耗更低、推理速度更快且推理精度损失更少的模型优化方式。为了获得稀疏的 MobileNetV3，有针对 MobileNetV3 的剪枝操作，包括迭代剪枝、权重剪枝和神经元剪枝。

（1）迭代剪枝[18]　根据神经元权重 L_1/L_2 范数进行排序，经过剪枝处理的模型的准确率会下降，若排序做得好，准确率可能下降得稍微少一点，网络通常需要经过训练—剪枝—训练—剪枝的迭代才能恢复[18]。若一次性剪枝得太多，网络将严重受损，无法恢复。因此，在实践中剪枝是一个迭代的过程，此过程称为迭代式剪枝（iterative pruning）：剪枝（prune）、训练（train）、重复（repeat）。

（2）权重剪枝[19]　权重剪枝（prune synapse）将权重矩阵中的多个权重设置为 0，为使稀疏度达到 $k\%$，根据权重大小对权重矩阵 W 中的权重进行排序，然后将排序最末的 $k\%$ 设置为 0。

（3）神经元剪枝[20]　神经元剪枝（prune neurons）即将权重矩阵中的多个整列设置为 0，从而达到删除对应的输出神经元的效果。为使稀疏度达到 $k\%$，根据 L_2 范数对权重矩阵中的列进行排序，并删除排序最末的 $k\%$。

从实际激活图像的角度来看，当模型的某些部分在训练后处于休眠状态时，可能不需要经过参数化模型的全部权重和过滤器。当模型应用于边缘端设

备时，常常遇见计算能力资源缺乏的问题。

剪枝步骤总结如下：第一阶段，网络执行标准前向传播并收集每个层的激活信息；第二阶段，网络将根据传播规则反向传播，以在网络的输出 $f(x)$ 上获得得分，研究人员可以通过 3D 可视化直观地了解每个通道的激活效果；第三阶段，通过删除不相关的神经元/过滤器来对当前模型进行剪枝处理，并进一步进行微调。

剪枝流程图总结如下：第一步，在给定目标域的预训练模型上执行剪枝过程，并定义剪枝标准；第二步，重复对模型剪枝，根据剪枝标准（计算量）对模型每一层的每个元素（权重/过滤器）评估重要性，此时有选择性地调整某些图层的全局缩放级别；第三步，对整个网络中所有层的权重大小进行排序并对最不重要的元素以及其输入和输出进行剪枝，此时有选择性地微调以补偿性能下降；第四步，如果模型缩小到所需的模型大小或性能，便停止剪枝。

二、MobileNetV3-SSD 模型 3D 可视化

图 1-4 为 MobileNetV3-SSD 的 3D 可视化处理流程图。作为神经网络 3D 可视化框架，TensorSpace 可以建立一个直观且交互的模型，并支持来自

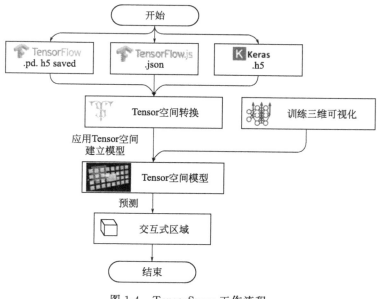

图 1-4　TensorSpace 工作流程

TensorFlow、Keras 和 TensorFlow.js 的预训练深度学习模型。TensorSpace 可以帮助用户了解网络层状态、系数、尺寸和模型的颜色。在 TensorSpace 中，可以对模型执行以下操作：预处理、构建图结构、网络层配置、加载、预测和网络层分页。作为 TensorSpace 的开发预处理工具，TensorSpace-Converter 有助于分离模型训练和模型可视化工作。在使用 TensorSpace-Converter 预处理预训练模型的过程中，TensorSpace-Converter 将从模型中提取隐藏层数据并生成新模型。TensorSpace 可以加载新模型并以 3D 形式呈现。从某种意义上说，TensorSpace 解决了深度学习模型运行机制和模型不透明的问题。

第四节　MobileNetV3-SSD 模型训练与评估

一、MobileNetV3-SSD 模型训练

通过迭代剪枝、权重剪枝和神经元剪枝对基于 MobileNetV3-SSD with pruning 的检测模型进行了改进。用于评估 MobileNetV3-SSD with pruning 有效性的初始化参数如表 1-4 所示。

表 1-4　MobileNetV3-SSD 有效性的初始化参数

输入图片尺寸/像素	动量	初始学习速率	最大步长
480×640	0.9	0.001	$1×10^4$

输入图像的大小、动量、初始学习速率、最大步长和其他参数等参数均参考 MobileNetV3 模型中的原始参数。定义训练参数后，MobileNetV3-SSD 的训练处理方式为训练—剪枝—训练—剪枝的迭代。使用 480×640 像素的图像进行测试。权重的初始学习率为 0.001，使用动量项为 0.9 的异步随机梯度下降。为了更好地分析训练过程，使用了最大数目为 $1×10^4$ 的训练步长。

二、MobileNetV3-SSD 模型评估

在深度学习领域，特别是在统计分类问题中，混淆矩阵（confusion matrix，另一个名称是误差矩阵）是一种特定布局的列联表，用于组织分类器并直观显示监督学习算法的性能。在深度学习和数据挖掘研究中，混淆矩阵作为

分类性能的度量标准变得越来越频繁。尽管它能够提供包括召回率、精度、F 因子和 Rand 准确度在内的评估指标，但在实际应用中仍存在一些常见的误解和陷阱。混淆矩阵能够有效地忽略类偏斜和误差成本从而得出分类器性能。

召回率或真阳性率（true positive rate，TP）是正确识别的阳性例子的比例。假阳性率（false positive rate，FP）是被错误分类为阳性的阴性例子所占的比例。真阴性率（true negative rate，TN）定义为正确分类阴性例子所占的比例。假阴性率（false negative rate，FN）是被误分类为阴性的阳性例子所占的比例。精确率（precision，P）是正确预测阳性例子的比例。最后，准确率（accuracy，AC）是正确预测总数中所占的比例。

混淆矩阵是特殊的列联表，是包含真实条件和预测条件的二维表。混淆矩阵展示了两方面的信息[21]：一方面，召回率与精确度之间存在直观的关系；另一方面，表现出各种数据之间的信息性、标签性、相关性和重要性之间存在相互关系。

利用公式可以确定真阳性（TP）、真阴性（TN）、假阳性（FP）和假阴性（FN）。真阳性率等同于正确识别到的阳性；假阳性率等同于正确的阴性。真阴性率等同于Ⅰ类错误；假阴性率等同于Ⅱ类错误。

本小节的检测结果分为四个类别：Maize1、Maize2、Maize3 和 Weed。

四分类的精确率（precision）公式：

$$精确率 = \frac{真阳性样本总和 + 真阴性样本总和}{被标记值的列值总和} \tag{1-1}$$

四分类的召回率（recall）公式：

$$召回率 = \frac{真阳性样本总和 + 真阴性样本总和}{行值的总和} \tag{1-2}$$

$$F_1 = \frac{2 \times 精确率 \times 召回率}{精确率 + 召回率} \tag{1-3}$$

整体精度（overall accuracy，OA）为正确分类的样本占样本总数比例。被正确分类的样本数目沿着混淆矩阵的对角线分布，总体样本数等于所有真实参考源的样本总数，整体精度 OA 的公式：

$$整体精度 = \frac{真阳性样本总数 + 真阴性样本总数}{总体样本数} \tag{1-4}$$

其中混淆矩阵包含了两方面信息。其中一方面揭示了 precision 与 recall 之间存在直观的关系。另一方面揭示了信息性、标签性、相关性与重要性之间存在相互关系。

第五节　数据采集系统构成

开展改进 Faster R-CNN 玉米秧苗目标检测算法前期，需要准备的工作包括硬件设备和软件、车体平台设计、计算机组系统、智能控制系统以及双翼式视觉系统。

一、硬件设备和软件

硬件设备包括：一台计算机工作站、三台计算机、一部 Raspberry Pi 3B＋、一枚英特尔神经计算棒 Movidius 2 SoC 和五枚工业数码摄像头。

① 为保证计算机满足在实验室常规条件下的深度神经网络训练，选取一台计算机工作站用于训练网络，其配置为：Intel（R）Core（TM）i7-8700K CPU @ 3.70GHz（12 CPUs）、32GB 运行内存、2.964TB 硬盘容量（C 盘 476GB、D 盘 724GB、E 盘 1TB 和 F 盘 746GB）、显卡为 NVIDIA GeForce RTX 2080Ti，以及适用于 Windows 10 Professional China（X64）的系统。

② 用于田间工况条件下田间机器人平台数据采集工作的计算机组，由三台配备 GTX1060 with Max-Q 显卡的计算机组成。数据采集的计算机组，单台电脑的配置为：Intel（R）Core（TM）i7-7700HQ CPU @ 2.80GHz 处理器，8GB 运行内存，1TB 硬盘容量，GTX1060 with Max-Q 显卡，系统为 Windows 10 Home China（X64）。

③ Raspberry Pi 3B＋平台的配置为：ARM Cortex-A53 1.4GHz 64-bit quad-core ARMv8 CPU 处理器，Broadcom Video Core Ⅳ，OpenGL ES 2.0，1080p 30 h.264/MPEG-4 AVC 高清解码器，1GB 运行内存；搭载 Raspbian 系统版本。

④ 英特尔神经计算棒 Movidius 2 SoC（neural compute stick movidius 2，NCS）的推理配置，包括 12 个 128 位 SHAVE 矢量处理器、1 个图像/视觉信号处理器和 2 个 32 位 RISC 处理器。英特尔 Movidius 2 神经计算棒（NCS）可以有效地分析、调试和验证神经网络。

⑤ 双翼式视觉系统中配备五枚工业摄像头（6-DZM-12），主要参数为：CCDs 传感器，最大分辨率 1360×1024 像素，帧率 30 帧/s，USB 3.0 接口。

软件部分是利用 MATLAB 2019a 平台进行视频采集并且完成网络搭建、训练与算法优化工作。在田间数据采集阶段,一台计算机在 MATLAB 上仅支持两枚工业相机进行图像采集。在对数据进行处理时使用的数据标签工具是 MATLAB 的 App Image Labeler。Image Labeler 适用于语义标记和目标检测的线标记和区域标记,并可以提供地面实况标记。标记使用的边界框,围绕图像中可见目标范围的轴对齐边界框,对图像中检测到的目标进行外接矩形定位。

二、车体平台设计

针对人工智能技术渐趋成熟但并未能切实应用于农业实际生产的问题,基于对田间工况环境的了解,利用机械控制和人工智能技术,研制了一种可在田间自由行动并可即时即地采集数据的平台。本节将详细介绍农业生产系统开放性田间机器人平台的设计与搭建,利用此平台进行数据采集时,在满足全周期条件、多天气条件和多角度条件的同时,也需要在较长的一段时间多天多次进行图像采集。

根据前期调研田间数据情况,初步确定摄像头间距和田间机器人平台底盘离地高度。满足一次多采条件时,每个摄像头的间距:

$$l_{垄} = l_{摄像头} \tag{1-5}$$

式中,$l_{摄像头}$ 为一次多采每个摄像头的间距;$l_{垄}$ 为每垄间距。

田间机器人平台底盘离地高度:

$$H_{苗} + H_{垄} = H_{底盘} \tag{1-6}$$

式中,$H_{苗}$ 为拔节期前玉米秧苗的平均高度;$H_{垄}$ 为田间垄沟和垄台的平均高度;$H_{底盘}$ 为田间机器人平台底盘离地高度。

作为数据采集平台,田间机器人平台(FRP)由车体平台、计算机组、智能控制系统、双翼式视觉系统、电动推杆以及角控支架等部分组成。工作状态下田间机器人平台的宽度为 250cm,五个进行图像采集的工业数码摄像头之间距离为 60cm。在田间条件下,以图像采集为基础,平台将机械越障系统、视觉水平性保证系统集于一体,可以高质高效地完成图像数据采集工作。平台在田间驱动时,双翼式视觉系统中的五枚工业数码摄像头,可以同时对五垄玉米苗带进行数据采集。该整车平台的主要技术参数如表 1-5 所示。

表 1-5　整车平台主要参数

参数	数值	单位
整机外形尺寸	0.6×2.5×0.9	m×m×m
工作幅宽	0.6～2.5	m
垄距	0.60	m
最大工作行数	5	垄
车载平台速度	2.8～3.6	km/h
田间苗草图像获取帧率	30	帧/s

田间机器人平台结构简图如图 1-5 所示。车体平台由轻质铝型材框架搭建而成，用以支撑和整合各部分机构，车体平台上部固定计算机组，为保证摄像头在变化的光照环境下正常工作，车体前部装有遮光板，车体平台的前端固装有转向系统的步进电机，步进电机通过齿轮旋转带动齿条，齿条连接车体平台前端的两个前轮。

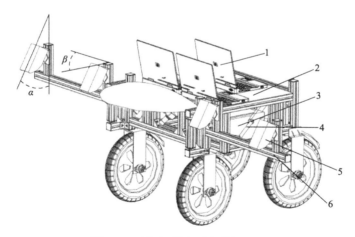

图 1-5　田间机器人平台结构简图
1—计算机组；2—车体平台；3—智能控制系统；4—电动推杆；5—双翼式视觉系统；6—角控支架

车体平台的后端底部固定驱动系统，车体平台的后端下部两侧分别固定后轮，平台内置的直流无刷电机可实现车体平台匀速行驶和无级变速，并配套AMTHI 无刷大功率控制器（60V，0.8kW）。田间机器人平台以电力为驱动能源，由三节并联的 12V 蓄电池（多组 6-DZM-12 电动助力车用密封铅酸蓄电池）供电，保证直流无刷电机和两个电动推杆电机的供电需求。

三、计算机组系统

在田间工况条件下，田间机器人平台进行数据采集工作，为保证五枚摄像头的正常工作，需要三台计算机为数据采集工作提供算力。

在实验室常规条件下训练深度神经网络，由于需要考虑到并行计算设备的硬件兼容性，本研究使用由 NVIDIA 制造的显卡为开发模型提供 GPU。因为 GPU 在处理计算密集型的并行计算任务和具有简单逻辑关系的大规模数据（高处理速度，大量并行运行线程和高吞吐量密集型计算等方面）方面具有优势，所以 GPU 适用于 CNN 模型的开发。在优化图像处理时间和训练深度学习模型方面，CPU 与 GPU 相比有着较低处理速度的缺点。CPU 支持 3.0 版本以上 CUDA-capable GPU 的训练和预测计算能力。因此，所选设备是配备有 Max-Q Design 的 GTX1060 NVIDIA 显卡计算机。

四、智能控制系统

当系统处于工作状态下，前端工业摄像头将田间苗带轨迹即时进行采集后传到计算机组进行处理，计算机组识别轨迹后向智能控制系统下达指令，对前端转向系统的步进电机转角及后端驱动机构轮毂电机的方向速度通过单片机调控，最终实现田间机器人平台沿着田间苗带自主行走的功能。电动推杆的调节速度和 FRP 的车速由来自控制箱的脉冲宽度调制（PWM）信号控制，并且通过计算机程序确定 PWM 的占空比，其中控制箱和 FRP 上的计算机采用串口通信的方式进行通信。同时实验人员也可以通过 HC-05 无线蓝牙模块，控制田间机器人平台实现诸如前进、后退、左转、右转、开合双翼式视觉系统等各种功能。田间机器人平台控制流程图如图 1-6 所示。

五、双翼式视觉系统

在原有车体平台主体结构上增加双翼式视觉系统。双翼式视觉系统由摄像头支架和五个工业摄像头组成，系统中的四个摄像头分别两两安装在每个展臂上，一个相机置车体上。其中展臂是由一对 63cm 的电动推杆（图 1-7）铰接在田间机器人平台的车体后框架上的。该视觉系统中的摄像头在工作时利用支

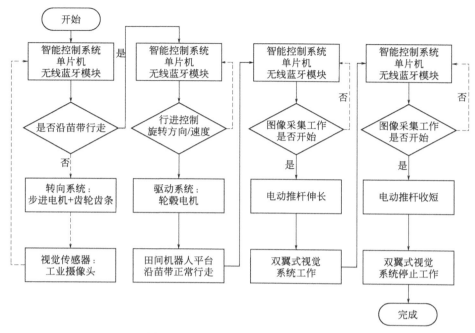

图 1-6　田间机器人平台控制流程图

架实现角度调节，此摄像头垂直拍摄角度 α 可以从 0°调整到 75°，水平拍摄角度 β 可以从 −90°调整到 90°。另外摄像头与地面距离是可调的，此调节范围在 650～900mm 之间。图像采集图如图 1-7 所示。

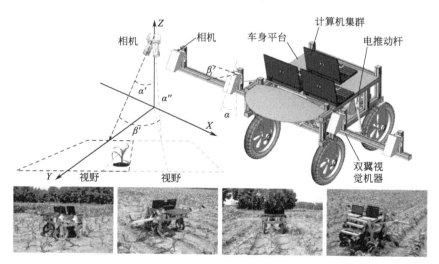

图 1-7　田间机器人平台图像采集

　　田间机器人平台工作流程图如图 1-8 所示。在作业时，电动推杆将支撑展臂，田间机器人平台完全拉伸的宽度为 2.5m。该平台中五个用于采集数据的摄像头间距为 600mm，能够满足在五垄苗带上进行数据采集。当数据采集工作完成后，通过蓝牙模块发送指令，实现摄像头支架收缩。在转场时，两个展臂会收拢，可节省空间，更便于田间机器人平台转运。

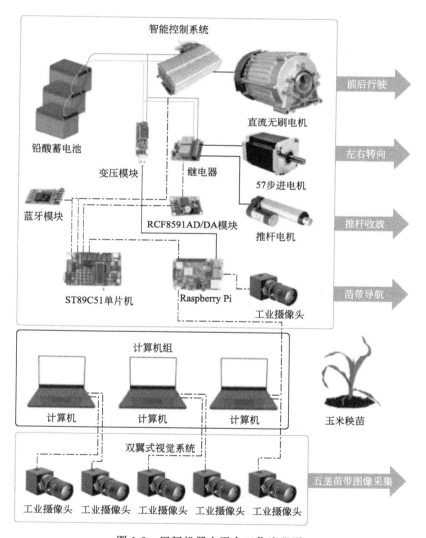

图 1-8　田间机器人平台工作流程图

第六节　基于改进 MobileNetV3-SSD 模型的田间试验

为了解决田间工况条件下农业机器人对玉米秧苗的广谱识别与使之商业化应用的问题，本研究建立了从秧苗玉米颖果发芽破土的萌发期末期至玉米植株拔节前期的全周期和基于垂直旋转角 α（0°、30°、75°和 90°）与水平旋转角 β（−90°、−45°、0°和 45°）组合形成 16 个空间旋转角的多角度玉米秧苗数据集。

在图像采集阶段，获得了 129792 张样本图片。经过图像预处理和图像标记后，得到了具有四个标签（Maize1、Maize2、Maize3 和 Weed）的由 21891 张图片组成的全周期和多角度数据集。在 21891 张图片中，总共标记了 22061 株玉米秧苗和 7306 棵杂草。22061 株玉米秧苗被分为 3 类：684 株标记为 Maize1 的玉米秧苗，11682 株标记为 Maize2 的玉米秧苗和 9695 株标记为 Maize3 的玉米秧苗。在萌发期末期至拔节期早期，7306 株田间杂草统一被标记为 Weed。在 Raspberry Pi 上实现了基于 MobileNetV3-SSD with pruning 的玉米秧苗检测方法。

一、苗草识别网络的 3D 可视化

MobileNetV3-SSD 的 3D 可视化有助于了解其运行机制并在很大程度上解决模型的不透明问题。在 TensorSpace 3D 可视化技术处理的条件下，MobileNetV3-SSD with pruning 是交互式直观模型，可以帮助了解 MobileNetV3-SSD 网络层的状态、系数、尺寸和颜色。

CNN 的 3D 可视化结果如图 1-9 所示。在图 1-9（a）中，原始图像输入网络，此时 3D 可视化网络的网络图层未被打开进行显示。在图 1-9（b）中，TensorSpace 3D 可视化技术将输入层中的原始图像分解为 RGB 三种颜色的三个单图像。在图 1-9（e）中，图片特征进入第二层网络的第一次卷积处理后，图像中玉米秧苗的形状和纹理得到了很好的展示。图像特征在 4×8 网格 32 个图像上显示说明 MobileNetV3-SSD 对玉米秧苗图像具有非常强的特征提取功能。如图 1-9（c）所示，图片特征进入第四层在 8×8 网格 64 张图片上显示。图 1-9（d）显示了所有网络层打开时的情况。

原始图像被输入模型中显示出 MobileNetV3-SSD 不同层的激活。当原始图像进入卷积层时，原始图像中像素的位置对应于通道激活中的相同位置。当通道中的亮像素对应于原始图像中的绿色区域时，此通道激活绿色像素。明亮的像素表示强烈的正激活，深色像素表示强烈的负激活。如图 1-9（e）和图 1-9（f）所示，在输入图像中大多数灰度通道没有被高度激活。该模型的网络结构可以通过共享权重和局部感受野来增强目标特征，有效地减少背景干扰。

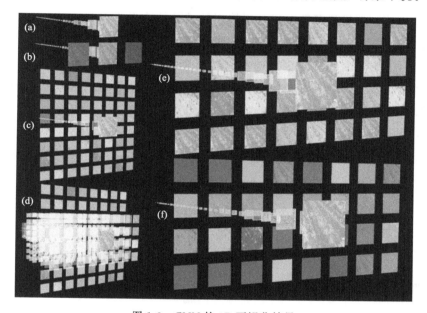

图 1-9　CNN 的 3D 可视化结果

二、识别网络模型的对比分析

目标检测结果包括以下四个部分：对不同模型进行剪枝的测试结果；全周期和多角度数据集的检测结果；基于全周期条件的检测结果；基于多角度条件的检测结果。

在图像采集过程中，得到了 129792 张样本图片。经过图像预处理和图像标记后，得到了具有四个标签（Maize1、Maize2、Maize3 和 Weed）的数据集。在本小节中，训练网络过程中使用了包含 16406 张图片的数据集，其中 494 株标记为 Maize1 的玉米秧苗，6970 株标记为 Maize2 的玉米秧苗，4765 株标记为 Maize3 的玉米秧苗，4177 株标记为 Weed 的杂草。并将其分为三个部分：训练集、测试集和验证集。其中该网络使用的训练集包含 14736 张图片（443 株 Maize1、6268 株 Maize2、4270 株 Maize3 和 3755 株 Weed）；测试集包含 1460 张图片（44 株 Maize1、621 株 Maize2、423 株 Maize3 和 372 株 Weed）；验证集包含 210 张图片（7 株 Maize1、81 株 Maize2、72 株 Maize3 和 50 株 Weed）。

四个网络的检测结果如表 1-6 所示，F_1 代表平衡精确率（precision）和召回率（recall）的度量函数，三个评估指标的公式在第四节中已经给出。如表 1-6 所示，MobileNetV3-SSD 的整体精度 OA 为 0.9370，比 YOLOv3 的 OA 高 2.60%。MobileNetV3-SSD 的检测帧速率为 15 帧/s，比 YOLOv3 的检测帧速率快 50%。经过剪枝处理后，MobileNetV3-SSD 的整体精度 OA 降低了 12.93%，检测帧速率提高了 20.00%。经过剪枝处理后，YOLOv3 的整体精度 OA 降低了 13.98%，检测帧速率提高了 80.00%。MobileNetV3-SSD with pruning 的整体精度 OA 为 0.8158，比 YOLOv3 with pruning 的整体精度 OA 高 4.11%。

表 1-6　四个网络的检测结果

模型	OA	检测帧速率	标签	精确率	召回率	F_1	测试集
MobileNetV3-SSD with pruning	0.8158	18 帧/s	Maize1	0.4658	0.7727	0.5812	44
			Maize2	0.8401	0.8293	0.8347	621
			Maize3	0.8291	0.7683	0.7975	423
			Weed	0.8298	0.8522	0.8408	372
MobileNetV3-SSD	0.9370	15 帧/s	Maize1	0.6731	0.7955	0.7292	44
			Maize2	0.9525	0.9356	0.9439	621
			Maize3	0.9350	0.9527	0.9438	423
			Weed	0.9510	0.9382	0.9445	372
YOLOv3 with pruning	0.7836	18 帧/s	Maize1	0.3616	0.7727	0.4928	44
			Maize2	0.8390	0.8309	0.8350	621
			Maize3	0.7881	0.7825	0.7853	423
			Weed	0.7946	0.7070	0.7482	372
YOLOv3	0.9110	10 帧/s	Maize1	0.5789	0.7500	0.6535	44
			Maize2	0.9370	0.9098	0.9232	621
			Maize3	0.9064	0.9385	0.9222	423
			Weed	0.9254	0.9005	0.9128	372

如图 1-10（a）～（d）所示，四个网络（MobileNetV3-SSD with pruning、MobileNetV3-SSD、YOLOv3 with pruning 和 YOLOv3）针对萌发期末期被标记为 Maize1 的玉米秧苗识别精确率较差，其范围为 0.3616～0.6731。MobileNetV3-SSD with pruning 的精确率为 0.4658；MobileNetV3-SSD 的精确率为 0.6731。YOLOv3 with pruning 的精确率为 0.3616；YOLOv3 的精确率是 0.5789。MobileNetV3-SSD with pruning 的精确率比 YOLOv3 with pruning 的精确率高 28.82%。

如图 1-10（e）所示，通过比较上述四个网络的结果，可以得出结论，MobileNetV3-SSD 网络的识别效果最好。经过剪枝处理后，网络的检测整体精度（OA）降低了，但是下降幅度很小，基于上述数据结果可知：MobileNetV3-SSD 比 YOLOv3 检测效果更稳定更准确。MobileNetV3-SSD with pruning 的整体精度 OA 为 0.8158，比 YOLOv3 with pruning 的整体精度 OA 高出 4.11%。因此，本章选择 MobileNetV3-SSD with pruning 作为目标检测网络。

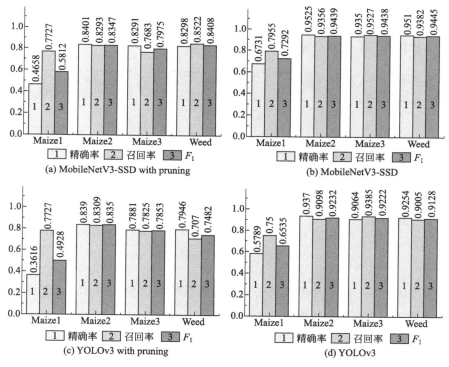

图 1-10

21

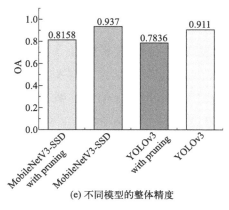

(e) 不同模型的整体精度

图 1-10　不同网络的检测结果

三、全周期条件下的识别模型检测

在权衡计算机的计算能力和网络识别精度之后，选择了 MobileNetV3-SSD with pruning 在终端设备［包括工作站计算机、开发端计算机和 Raspberry Pi（树莓派）］上进行测试，部署工作原理图如图 1-11 所示。

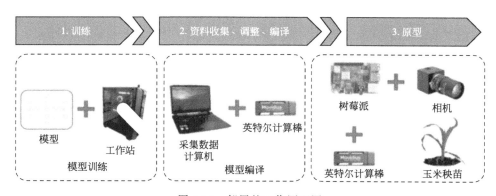

图 1-11　部署的工作原理图

使用由 21891 张图片组成的全周期和多角度数据集。在 21891 张图片中，共标记了 22061 株玉米秧苗和 7306 株杂草。

如图 1-12 所示，从萌发期末期到拔节期早期（玉米秧苗发芽破土后 1～30 天）之间的玉米秧苗分为三类：Maize1、Maize2 和 Maize3。除玉米秧苗的叶片面积、颜色和纹理等形态学特征之外，标记为 Maize1 的玉米秧苗的株高范围为 44～95mm，标记为 Maize2 的玉米秧苗的株高范围为 105～136mm，标记为 Maize3 的玉米秧苗的株高范围为大于 148mm。

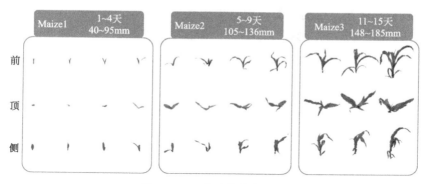

图 1-12 玉米秧苗分类标准

本小节使用了包含 21000 张图片的全周期和多角度数据集，并将其分为三个部分：训练集、测试集和验证集。在全周期和多角度数据集中，684 株标记为 Maize1 的玉米秧苗，11682 株标记为 Maize2 的玉米秧苗和 9695 株标记为 Maize3 的玉米秧苗，7306 株被标记为 Weed 的杂草。训练集包含 19706 张图片（618 Maize1、10533 Maize2、8733 Maize3 和 6563 Weed）。测试集包含 1163 张图片（56 Maize1、1032 Maize2、848 Maize3 和 672 Weed）。验证集包含 131 张图片（10 Maize1、117 Maize2、114 Maize3 和 71 Weed）。全周期和多角度数据集的混淆矩阵如图 1-13（a）所示，全周期和多角度数据集的整体识别精度如图 1-13（b）所示。

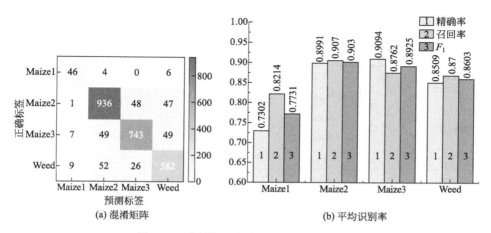

(a) 混淆矩阵　　　　　(b) 平均识别率

图 1-13 全周期和多角度条件的检测结果

如图 1-13 所示，标记为 Maize2 的玉米秧苗和标记为 Maize3 的玉米秧苗具有几乎相同的精确度和 F_1 值；标记为 Maize1 的玉米秧苗的精确度最低为 0.7302。

全周期和多角度数据集的检测结果如表 1-7 所示。Maize2 和 Maize3 的精确率比 Maize1 高约 17.4%。Maize2 和 Maize3 的精确率比 Weed 高约 5.34%。Weed 的精确率比 Maize1 高约 12.07%。使用全周期和多角度数据集的 MobileNetV3-SSD with pruning 的整体精度 OA 为 0.8856。

表 1-7　全周期和多角度数据集的检测结果

OA	标签	精确率	召回率	F_1	测试集
0.8856	Maize1	0.7302	0.8214	0.7731	56
	Maize2	0.8991	0.9070	0.9030	1032
	Maize3	0.9094	0.8762	0.8925	848
	Weed	0.8509	0.8700	0.8603	672

全周期条件由 2019 年 5 月 24 日至 2019 年 6 月 17 日中的 8 天数据组成：5 月 24 日（May 24）、5 月 30 日（May 30）、6 月 2 日（June 2）、6 月 5 日（June 5）、6 月 8 日（June 8）、6 月 11 日（June 11）、6 月 16 日（June 16）和 6 月 17 日（June 17）。全周期：秧苗玉米颖果发芽破土的萌发期末期至玉米植株拔节前期，而这 8 天跨越 25 天，几乎包含了玉米秧苗生长的全部周期时间。针对全周期条件下的检测结果是从 8 天中每天采集的数据中提取测试集。全周期训练集包含 26447 张图片，全周期验证集包含 312 张图片，全周期测试集包含 2608 张图片。测试集图片，根据不同的日期分为 8 个子测试集。全周期条件的检测结果如表 1-8 所示。

表 1-8　全周期条件的检测结果

日期	OA	标签	精确率	召回率	F_1	测试集
May 24	0.8547	Maize1	0.3077	0.6667	0.4211	6
		Maize2	0.8940	0.8824	0.8882	153
		Maize3	0.9062	0.8227	0.8625	141
		Weed	0.8070	0.8679	0.8364	106
May 30	0.8934	Maize1	0.9500	0.8636	0.9048	22
		Maize2	0.9860	0.8870	0.9339	239
		Maize3	0.1250	1.0000	0.2222	2
		Weed	0.7647	0.9286	0.8387	56

续表

日期	OA	标签	精确率	召回率	F_1	测试集
June 2	0.9034	Maize1	0.8421	0.8421	0.8421	19
		Maize2	0.9159	0.9333	0.9245	105
		Maize3	0.9074	0.8305	0.8673	59
		Weed	0.9000	0.9252	0.9124	107
June 5	0.9020	Maize1	1.0000	1.0000	1.0000	2
		Maize2	0.9878	0.9000	0.9419	90
		Maize3	0.0000	NaN	NaN	0
		Weed	0.6429	0.9000	0.7500	10
June 8	0.8804	Maize1	NaN	NaN	NaN	0
		Maize2	0.3462	0.9474	0.5070	19
		Maize3	0.9589	0.9052	0.9313	232
		Weed	0.9419	0.8438	0.8901	192
June 11	0.8874	Maize1	0.6667	0.6667	0.6667	3
		Maize2	0.8889	0.9455	0.9163	110
		Maize3	0.9623	0.8293	0.8908	123
		Weed	0.7761	0.9123	0.8387	57
June 16	0.8884	Maize1	0.5000	0.6667	0.5714	3
		Maize2	0.8956	0.9106	0.9030	179
		Maize3	0.9053	0.9000	0.9027	170
		Weed	0.8627	0.8381	0.8502	105
June 17	0.8983	Maize1	0.5000	1.0000	0.6667	1
		Maize2	0.9259	0.9124	0.9191	137
		Maize3	0.9174	0.9174	0.9174	121
		Weed	0.7568	0.7778	0.7671	36

　　如表 1-8 所示，从 2019 年 5 月 24 日至 2019 年 6 月 17 日的 8 天，Mobile-NetV3-SSD with pruning 网络 OA 范围在 0.8547～0.9034。6 月 2 日的 OA 最高，为 0.9034，6 月 5 日的 OA 较高，为 0.9020，6 月 8 日的 OA 较低，为 0.8804，5 月 24 日的 OA 最低，为 0.8547。

　　全周期条件的整体精度 OA 和精确率如图 1-14 所示。如图 1-14（a）所示，5 月 24 日测试集的 OA 值最低，为 0.8547，其他 7 天的 OA 范围为

0.8804～0.9034，其中 X 轴是玉米秧苗从萌发期末期到拔节期早期的时间，Y 轴是 OA。在 5 月 24 日至 6 月 2 日（发芽后第 1 天到第 10 天），OA 值从 0.8547 增加到 0.9034。在 6 月 2 日至 6 月 8 日（发芽后第 10 天至第 16 天），OA 值从 0.9034 降低到 0.8804。在 6 月 8 日至 6 月 17 日（发芽后第 16 天至第 25 天），OA 值从 0.8804 增加到 0.8983。

如图 1-14（b）所示，八天测试集的 Maize1 太少会导致出现检测错误。除去某些必须考虑的误差，Maize1 的精度范围是 0.3077～0.8421，Maize2 的精度范围是 0.8889～0.9878，Maize3 的精度范围为 0.9053～0.9623，杂草的精度范围是 0.6429～0.9429。

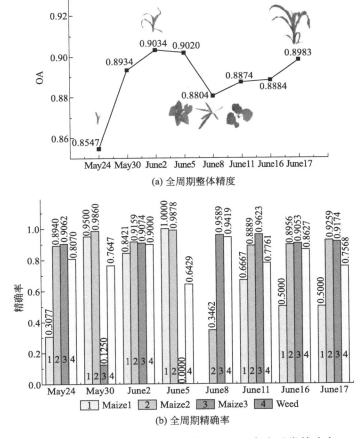

(a) 全周期整体精度

(b) 全周期精确率

图 1-14　全周期条件下的整体精度 OA 和各个子类精确率

四、多角度条件下的识别模型检测

多角度条件由 16 个角度组成：四个摄像头垂直旋转角度 α 和四个摄像头水平旋转角度 β。根据不同的拍摄角度，将测试集图像分为 16 个子测试集。16 个角度的子测试集由全周期中每天 16 个角度的测试图像组成。

当 $\alpha=0°$ 时多角度条件的检测结果，如表 1-9 所示。当 $\alpha=0°$ 时，四个摄像头水平旋转角度（$\beta=-90°$，$\beta=-45°$，$\beta=0°$，$\beta=45°$）OA 范围为 $0.8333\sim0.9329$。$\alpha=0°$，$\beta=0°$ 角度 OA 为 0.9329，最高。$\alpha=0°$，$\beta=-90°$ 角度 OA 为 0.9085，较高。$\alpha=0°$，$\beta=-45°$ 角度 OA 为 0.8642，较低。$\alpha=0°$，$\beta=45°$ 角度 OA 最低，为 0.8333。

表 1-9　当 $\alpha=0°$ 时多角度条件的检测结果

检测角度	OA	标签	精确率	召回率	F_1	测试集
$\alpha=0°$，$\beta=-90°$	0.9085	Maize1	0.6667	1.0000	0.8000	4
		Maize2	0.9365	0.9077	0.9219	65
		Maize3	0.9057	0.9057	0.9057	53
		Weed	0.9048		0.9048	42
$\alpha=0°$，$\beta=-45°$	0.8642	Maize1	1.0000	0.6667	0.8000	3
		Maize2	0.8750	0.8750	0.8750	64
		Maize3	0.8824	0.8491	0.8654	53
		Weed	0.8222	0.8810	0.8506	42
$\alpha=0°$，$\beta=0°$	0.9329	Maize1	1.0000	1.0000	1.0000	4
		Maize2	0.9524	0.9231	0.9375	65
		Maize3	0.9259	0.9434	0.9346	53
		Weed	0.9070	0.9286	0.9176	42
$\alpha=0°$，$\beta=45°$	0.8333	Maize1	0.5000	0.6667	0.5714	3
		Maize2	0.8462	0.8594	0.8527	64
		Maize3	0.8627	0.8302	0.8462	53
		Weed	0.8095	0.8095	0.8095	42

当 $\alpha=30°$ 时多角度条件的检测结果，如表 1-10 所示。当 $\alpha=30°$ 时，四个摄像头水平旋转角度（$\beta=-90°$，$\beta=-45°$，$\beta=0°$，$\beta=45°$）的 OA 范围为 $0.9259\sim0.9756$。$\alpha=30°$，$\beta=0°$ 的 OA 最高，为 0.9756。$\alpha=30°$，$\beta=-90°$

角度的 OA 较高，为 0.9634。$\alpha=30°$，$\beta=45°$ 角度的 OA 较低，为 0.9317。$\alpha=30°$，$\beta=-45°$ 角度的 OA 最低，为 0.9259。

表 1-10   当 $\alpha=30°$ 时多角度条件的检测结果

检测角度	OA	标签	精确率	召回率	F_1	测试集
$\alpha=30°$，$\beta=-90°$	0.9634	Maize1	1.0000	1.0000	1.0000	4
		Maize2	0.9412	0.9846	0.9624	65
		Maize3	1.0000	0.9434	0.9709	53
		Weed	0.9524	0.9524	0.9524	42
$\alpha=30°$，$\beta=-45°$	0.9259	Maize1	0.7500	1.0000	0.8571	3
		Maize2	0.9118	0.9688	0.9394	64
		Maize3	0.9608	0.9245	0.9423	53
		Weed	0.9231	0.8571	0.8889	42
$\alpha=30°$，$\beta=0°$	0.9756	Maize1	1.0000	1.0000	1.0000	4
		Maize2	0.9420	1.0000	0.9701	65
		Maize3	1.0000	0.9623	0.9808	53
		Weed	1.0000	0.9524	0.9756	42
$\alpha=30°$，$\beta=45°$	0.9317	Maize1	1.0000	1.0000	1.0000	3
		Maize2	0.9118	0.9688	0.9394	64
		Maize3	0.9600	0.9057	0.9320	53
		Weed	0.9250	0.9024	0.9136	41

当 $\alpha=75°$ 时多角度条件的检测结果，如表 1-11 所示。当 $\alpha=75°$ 时，四个摄像头水平旋转角（$\beta=-90°$，$\beta=-45°$，$\beta=0°$，$\beta=45°$）的 OA 范围为 0.9012～0.9512。$\alpha=75°$，$\beta=0°$ 角度的 OA 最高，为 0.9512。$\alpha=75°$，$\beta=-90°$ 角度的 OA 较高，为 0.9329。$\alpha=75°$，$\beta=-45°$ 角度的 OA 较低，为 0.9074。$\alpha=75°$，$\beta=45°$ 角度的 OA 最低，为 0.9012。

表 1-11   当 $\alpha=75°$ 时多角度条件的检测结果

检测角度	OA	标签	精确率	召回率	F_1	测试集
$\alpha=75°$，$\beta=-90°$	0.9329	Maize1	0.8000	1.0000	0.8889	4
		Maize2	0.9403	0.9692	0.9545	65
		Maize3	0.9792	0.8868	0.9307	53
		Weed	0.8864	0.9286	0.9070	42

续表

检测角度	OA	标签	精确率	召回率	F_1	测试集
$\alpha=75°$, $\beta=-45°$	0.9074	Maize1	0.7500	1.0000	0.8571	3
		Maize2	0.9077	0.9219	0.9147	64
		Maize3	0.9400	0.8868	0.9126	53
		Weed	0.8837	0.9048	0.8941	42
$\alpha=75°$, $\beta=0°$	0.9512	Maize1	0.8000	1.0000	0.8889	4
		Maize2	0.9545	0.9692	0.9618	65
		Maize3	1.0000	0.9434	0.9709	53
		Weed	0.9070	0.9286	0.9176	42
$\alpha=75°$, $\beta=45°$	0.9012	Maize1	0.7500	1.000	0.8571	3
		Maize2	0.9091	0.9375	0.9231	64
		Maize3	0.9400	0.8868	0.9126	53
		Weed	0.8571	0.8571	0.8571	42

当 $\alpha=90°$时多角度条件的检测结果，如表 1-12 所示。当 $\alpha=90°$时，四个摄像头水平旋转角度（$\beta=-90°$，$\beta=-45°$，$\beta=0°$，$\beta=45°$）的 OA 范围为 0.7329～0.8476。$\alpha=90°$，$\beta=0°$的 OA 最高，为 0.8476。$\alpha=90°$，$\beta=-90°$角度的 OA 较高，为 0.7975。$\alpha=90°$，$\beta=-45°$角度的 OA 较低，为 0.7531。$\alpha=90°$，$\beta=45°$角度的 OA 最低，为 0.7329。

表 1-12　当 $\alpha=90°$时多角度条件的检测结果

检测角度	OA	标签	精确率	召回率	F_1	测试集
$\alpha=90°$, $\beta=-90°$	0.7975	Maize1	0.4000	0.5000	0.4444	4
		Maize2	0.8621	0.7812	0.8197	64
		Maize3	0.8113	0.8113	0.8113	53
		Weed	0.7447	0.8333	0.7865	42
$\alpha=90°$, $\beta=-45°$	0.7531	Maize1	0.3333	0.3333	0.3333	3
		Maize2	0.7969	0.7969	0.7969	64
		Maize3	0.7647	0.7358	0.7500	53
		Weed	0.7045	0.7381	0.7209	42
$\alpha=90°$, $\beta=0°$	0.8476	Maize1	0.6667	0.5000	0.5714	4
		Maize2	0.8889	0.8615	0.8750	65
		Maize3	0.8824	0.8491	0.8654	53
		Weed	0.7660	0.8571	0.8090	42

续表

检测角度	OA	标签	精确率	召回率	F_1	测试集
$\alpha=90°$，$\beta=45°$	0.7329	Maize1	0.3333	0.3333	0.3333	3
		Maize2	0.7903	0.7656	0.7778	64
		Maize3	0.7407	0.7547	0.7477	53
		Weed	0.6667	0.6829	0.6747	41

当垂直旋转角 α 不变时多角度条件的精确率，如图 1-15 所示。Mazie2 和 Maize3 的精确率高于 Maize1 和 Weed。当垂直旋转角 $\alpha=90°$ 时，Maize1 的精确率存在显然异常，其精确率范围为 0.3333～0.4000（去掉 0.6667），远低于 Maize2、Maize3 和 Weed。当垂直旋转角度 $\alpha=0°$ 时，Maize1 的精确率也存在异常。

当水平旋转角度 β 不变时，多角度的精确率如图 1-15 所示。在图 1-16 中，Mazie2 和 Maize3 的精确率高于 Maize1 和 Weed 的精确率。

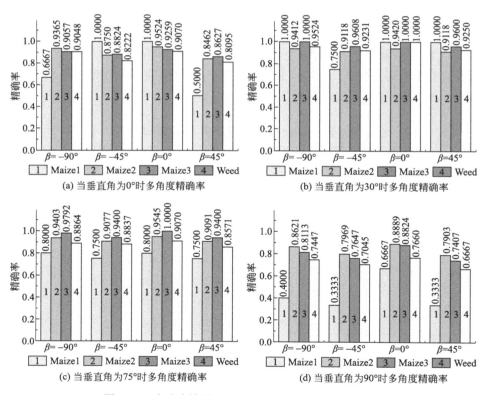

图 1-15　当垂直旋转角 α 不变时多角度条件的精确率

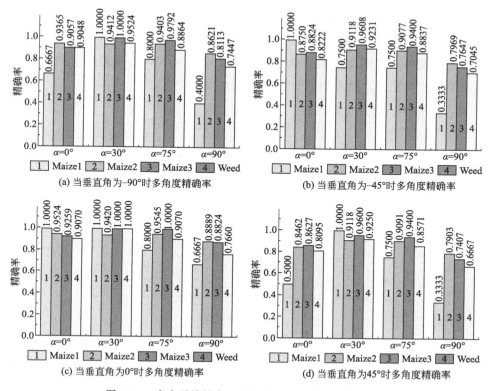

图 1-16 当水平旋转角 β 不变时多角度条件的精确率

多角度的整体精度如表 1-13 所示。在多角度方面,MobileNetV3-SSD with pruning 对玉米秧苗与杂草目标之间种间相似性和玉米秧苗之间的种内相似性具有良好的检测效果,结果表明深度学习模型可以克服田间苗草的种间相似性和种内相似性的影响。

表 1-13 多角度条件的整体精度 OA

α	β			
	$\beta=-90°$	$\beta=-45°$	$\beta=0°$	$\beta=45°$
$\alpha=0°$	0.9085	0.8642	0.9329	0.8333
$\alpha=30°$	0.9634	0.9259	0.9756	0.9317
$\alpha=75°$	0.9329	0.9074	0.9512	0.9012
$\alpha=90°$	0.7975	0.7531	0.8476	0.7329

多角度的整体精度 OA 如图 1-17 所示。当垂直旋转角度 $\alpha=90°$ 时,OA 明显异常,远低于其他垂直旋转角度。不同角度造成的视图对检测精度有影

响。如表 1-7 所示，全周期和多角度数据集的整体精度 OA 为 0.8856。表 1-14
为多角度的总体精度与平均值（全周期和多天气数据集）之间的差值。良好角
度的拍摄视角可以提高检测精度，最高可以提高 9.00%；较差角度的拍摄视
角会降低检测精度，最多会降低 15.27%。

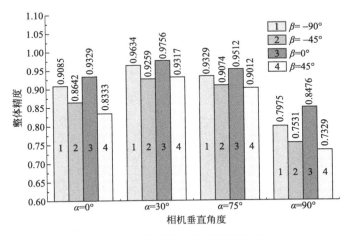

图 1-17　多角度条件的整体精度 OA

表 1-14　多角度的总体精度与平均值之间的差值

α	β			
	$\beta=-90°$	$\beta=-45°$	$\beta=0°$	$\beta=45°$
$\alpha=0°$	2.29%	−2.14%	4.73%	−5.23%
$\alpha=30°$	7.78%	4.03%	9.00%	4.61%
$\alpha=75°$	4.73%	2.18%	6.56%	1.56%
$\alpha=90°$	−8.81%	−13.25%	−3.80%	−15.27%

第七节　小结

为了解决田间工况条件下农业机器人对玉米秧苗的广谱识别与使之商业化
应用的问题，本研究建立了从玉米秧苗颖果发芽破土的萌发期末期至玉米植株
拔节前期的全周期和基于垂直旋转角 α（0°、30°、75°和 90°）和水平旋转角 β
（−90°、−45°、0°和 45°）组合形成 16 个空间旋转角的多角度玉米秧苗数据

集。在 Raspberry Pi 上实现了基于 MobileNetV3-SSD with pruning 的玉米秧苗检测方法，并提出了基于 MobileNetV3-SSD with pruning，利用 3D 可视化技术了解模型的操作机理，解决了模型的不透明性问题并优化了网络。

根据 MobileNetV3-SSD with pruning 的检测结果可知，MobileNetV3-SSD 比 YOLOv3 检测效果更稳定更准确。MobileNetV3-SSD with pruning 的整体精度 OA 为 0.8158 比 YOLOv3 with pruning 的整体精度 OA 高 4.11%，MobileNetV3-SSD with pruning 的性能优于 YOLOv3 with pruning。在多角度方面，MobileNetV3-SSD with pruning 对玉米秧苗与杂草目标之间种间相似性和玉米秧苗之间的种内相似性具有良好的检测效果。结果表明深度学习模型可以克服田间苗草的种间相似性和种内相似性的影响，不同角度拍摄的图片对检测精度有影响。较好的角度拍摄图片可以提高检测精度，最高可以提高 9.00%；较差的角度拍摄图片会降低检测精度，最多会降低 15.27%。

不同的中耕作业（机械除草、田间导航、化学除草、靶向施肥和浇水），其末端执行器最佳操作视角是不同的，因此对玉米秧苗的不同角度图片进行数据采集，能够有效地为玉米秧苗目标检测和田间作业提供数据支持。对于农业机器人，视觉系统是末端执行器作业的基础和关键，有效操作率的上限是视觉系统的识别精度。本章研究为玉米田中其他智能中耕作业提供最佳上限参考。本章针对多角度条件，将多角度的总体精度分为 4 个级别：OA≥95%、95%>OA≥90%、90%>OA≥85% 和 80%>OA≥70%。根据相应的 OA 范围等级，本章为智能中耕作业提供了建议，如表 1-15 所示。

表 1-15　针对智能中耕的建议

等级	OA 值范围	检测角度	智能中耕的建议
1	OA≥95%	$\alpha=30°$，$\beta=-90°$ $\alpha=30°$，$\beta=0°$ $\alpha=75°$，$\beta=0°$	机械除草 田间导航 化学除草 靶向追肥 靶向浇水
2	95%>OA≥90%	$\alpha=0°$，$\beta=-90°$ $\alpha=0°$，$\beta=0°$ $\alpha=30°$，$\beta=-45°$ $\alpha=30°$，$\beta=45°$ $\alpha=75°$，$\beta=-90°$ $\alpha=75°$，$\beta=-45°$ $\alpha=75°$，$\beta=45°$	田间导航 化学除草 靶向追肥 靶向浇水

等级	OA 值范围	检测角度	智能中耕的建议
3	90%＞OA≥85%	$\alpha=3°$，$\beta=-45°$ $\alpha=0°$，$\beta=45°$ $\alpha=90°$，$\beta=0°$	靶向追肥 靶向浇水
4	80%＞OA≥70%	$\alpha=90°$，$\beta=-90°$ $\alpha=90°$，$\beta=-45°$ $\alpha=90°$，$\beta=45°$	靶向浇水

第二章

基于 YOLOv3 模型的立式智能株间除草机器人

在对株间机械除草技术的研究方面，国外已经出现了比较成熟的商业化应用，国内的研究仍然还处于摸索和试验阶段，无论是智能除草装置还是末端执行器的设计，国内相对于国外仍然存在较大的差距，尤其是在末端执行机构方面，创新性不足，大多模仿国外现有产品[22]。在农作物与杂草的视觉检测方面，目前最新的机器视觉技术是深度学习苗草检测技术。国内外科研人员已经进行了大量研究，然而多数研究仍然处于实验室探索阶段，深度学习技术还没有实际投入生产应用。目前国外市场上商业化应用的除草机，其采用的也是传统的机器视觉技术，在杂草密度较高或者苗草差别不明显时不能达到识别要求，其使用范围受到相当程度的限制。因此，探索新型除草装置和除草模式，尝试将深度学习苗草检测技术应用到新型智能除草机器人上，对国内智能株间除草技术的发展具有重要意义。

第一节　基于 YOLOv3 模型进行苗草识别

视觉检测系统对苗草目标的精准识别是智能除草系统准确除草的前提和基础，苗草检测结果的准确性直接影响除草效果。依托目前最新发展的人工智能技术，本研究利用深度学习 YOLOv3 模型实现复杂田间环境下的苗草检测，通过作物与杂草的分布状态构建保护区和除草区。深度学习苗草检测系统的建立主要包含两方面的工作，一是数据集的采集和制作，二是 YOLOv3 深度学习网络模型的构建。在此基础上，还需要对检测结果进行进一步处理，以获取准确的作物生长位置。为了在降低伤苗率的同时保证除草效果，靶向除草模式采用了更为合理的除草策略。本章所阐述的视觉系统是采用深度学习的苗草识别技术，其可以实现复杂环境下的苗草检测工作。下面将对智能除草机器人视觉系统的搭建进行介绍，包括数据集的采集和制作，保护区和除草区的构建，进一步利用标记的数据集进行模型训练，建立 YOLOv3 深度学习网络模型。

一、苗草图像数据集制作

由于公开的农业数据集很少，而且针对具体的农业生产问题，对数据集的要求也各不相同，很难找到公共的农业数据集并应用到自己的研究上，多数研究人员都会自己建立符合自身需求的数据集。因此，对于本研究所面对的玉米田间苗草检测问题，有必要建立一个包含玉米幼苗以及其伴生杂草的田间作业环境数据集来训练 YOLOv3 网络。数据集的采集地点位于黑龙江省哈尔滨市香坊区的东北农业大学试验田，采集时间为 2018 年 5 月。在玉米播种后，不对试验田进行任何除草处理，等待出苗后，采集试验田苗草分布图像作为原始数据集材料。

本研究针对的田间玉米苗的除草时期为 2～3 叶期，采集时间为 5 月 15 日～5 月 30 日，试验田的场景如图 2-1 所示。为了尽可能接近实际作业环境，通过图像采集平台来获取田间图像，数据采集平台如图 2-2 所示，摄像头安装在平台的后升降架上，摄像头的安装角度和安装高度可以进行调节。为了尽可能获取真实作业环境的样本图片，试验田不进行任何杂草处理，以保证获取到自然生长状态下的苗草样本数据集。

图 2-1 数据采集试验田

图 2-2 数据采集平台

数据集样本由工业 CCD 摄像头进行采集，摄像头的最大分辨率为 1360×1024 像素，帧率为 30 帧/s，获取的样本数据由车载计算机进行处理和存储。由于本次数据集的采集时间跨度长、样本量大及样本内容复杂，为了提高数据集采集和管理效率，利用 MATLAB 2018b 开发了一款数据集采集辅助软件，如图 2-3 所示，该软件可以设置数据集样本的采集模式、采集速率和采集样本大小等，将样本进行规范化命名和存储，大大提高数据集的采集和管理效率。

图 2-3　数据采集软件

由于天气和风力等因素不能进行人为控制，为了获取全面丰富的数据样本，采取长时间和多重复的采集策略。在数据集采集期间，采用多苗期、多天气和多角度的方式，早中晚分别对玉米幼苗及其伴生杂草进行数据集样本图片的获取。早上采集时间为 7～11 点之间，中午采集时间为 11～14 点之间，下午采集时间为 14～18 点之间。摄像头的采集角度与水平线的夹角分别为 90°、75°、60°。为了提高采集速度，对两侧的无关区域进行裁剪。通过 10 天的数据采集，共获取了 93374 张田间苗草的信息图片，如表 2-1 所示。

表 2-1　数据集样本采集数据

采集日期	早上采集数量	中午采集数量	下午采集数量	风力大小	天气
2018-5-15	3248	3665	4026	微风	多云
2018-5-17	3771	2797	3778	中等	晴
2018-5-19	3526	3245	2395	微风	晴
2018-5-20	3630	3180	5715	中等	多云
2018-5-21	3136	2174	3251	中等	多云
2018-5-22	1946	2541	2719	微风	阵雨
2018-5-24	3088	2800	3305	微风	晴
2018-5-25	2646	1899	2537	微风	晴
2018-5-27	2188	1916	2621	中等	阵雨
2018-5-30	4184	3646	3801	中等	多云
总计	31363	27863	34148	—	—

由于数据集的采集速率较快，时间点较为集中，因此相邻图片之间的差异并不大，而且采集过程中难免会出现一些质量差不能满足要求的样本，因此有必要对数据集进行筛选。样本图片的筛选工作由程序完成，通过 MATLAB 进行编程，每隔 10 张图片选取一张作为数据集的初选样本。然后对初选样本进行人工挑选，去除不合适的样本图片，经过最终优选后，选择其中 3000 张样本图片制作成数据集。

二、苗草图像数据预处理

为了进一步丰富和提高数据集样本的质量，查阅相关资料，对最终挑选出来的样本图片进行颜色、亮度和图像清晰度方面的预处理，并对数据集进行扩充[23]。首先，对数据集样本进行颜色修正，因为人类的视觉系统即使在光线亮度变化的情况下，仍然能够确定物体的真实颜色，然而数码成像设备不具备这种鲁棒性，而灰度世界算法[24]可以消除光照条件对颜色显现的影响。所以通过 MATLAB 编程，利用程序批量处理所有的数据集样本图片，从而快速修正数据样本的颜色。

为了提高检测模型的鲁棒性，进而丰富数据集，在数据集样本中增加了一定程度模糊处理的图片。利用 MATLAB 图像处理工具箱，对数据集样本进行一定程度的高斯模糊处理，然后再将处理后的样本图片加入原来的数据集中。

虽然通过早中晚三个时间点采集数据已经极大地丰富了不同光照亮度的数据，但对于整个数据集来说还不够。因此，通过数字图像处理技术对亮度数据进行进一步丰富。图像亮度过高或过低都会导致难以识别，通过查阅相关参考文献和实际测试，最终确定亮度调节系数为 0.6～1.4。利用 MATLAB 程序对数据集样本图片随机乘以 0.6～1.4 之间任意一个亮度系数来调整原始图像的亮度。

正常拍摄情况下的玉米秧苗及其伴生杂草应当为直立状态，然而由于田间地面高低不平，会引起平台的颠簸以及摄像头的晃动，导致图像拍摄倾斜。因此，为了增强深度学习模型对倾斜图像的检测能力，需要对数据集样本进行图像旋转增强处理。通过查阅相关资料和实际测试，将样本图像的旋转角度设定为 $-30°～30°$ 之间。利用 MATLAB 图像处理工具集，对样本图片进行随机 $-30°～30°$ 范围内任意角度旋转。同时，通过 MATLAB 编程，将旋转后图片的无效区域进行裁剪，并重新定义样本图片的大小。

对精选出来的原始数据集依次进行颜色修正、模糊处理、亮度数据增强和图像旋转处理后，处理效果如图 2-4 所示，数据集样本量如表 2-2 所示。经过几次处理后，数据集的样本量已经从最初的 3000 张增长到最后的 24000 张。

(a) 原始样本　　　　(b) 模糊处理　　　　(c) 亮度调节　　　　(d) 图像旋转

图 2-4　数据处理

表 2-2　数据集增强处理结果

处理分类	处理流程	处理数量/张	数据集样本量/张
预处理	数据样本精选	93374	3000
预处理	图像颜色修正	3000	3000
数据扩充	图像模糊处理	3000	6000
数据扩充	亮度数据增强	6000	12000
数据扩充	图像旋转处理	12000	24000

三、苗草图像数据标记

数据集标记是一项耗时耗力的工作，也是深度学习模型识别准确性的关键，只有正确标记数据才能训练出准确的深度学习模型。数据集标记是通过 LabelImg 软件由团队成员共同协作手工标记完成的，软件的标记界面如图 2-5 所示。

玉米田的主要杂草有稗草、藜、苘麻、本氏蓼、反枝苋、苍耳、问荆、铁苋菜等，其中密度最大的为稗草，其次为藜，再次为苘麻，这 3 种杂草占全部杂草量的 70% 左右[25]。为了增加模型检测准确率以及运行速度，将检测目标按外形差异程度分为玉米、阔叶杂草和窄叶杂草三类。禾本科和其他科的杂草按照外形与窄叶或者阔叶杂草的相似程度归到相近分类。

由于标记工作是由多人共同完成，因此需要有明确和统一的样本标记标准。对于不能识别的模糊目标区域不进行标记，以防止出现过度拟合。若目标

被遮挡的面积大于 75％，或者目标处于图像的边缘，能见的目标区域不足
50％时，则不进行标记处理。对标记完成的数据集进行统计，数据集的主要参
数如表 2-3 所示。

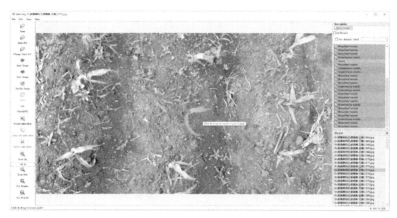

图 2-5　LabelImg 数据集标记软件

表 2-3　数据集处理后的主要参数

项目名称	参数	玉米苗样本	阔叶杂草样本	窄叶杂草样本
样本分辨率	630×512	——	——	——
精选后样本	3000	8649	6615	3091
数据增强	24000	67635	48356	26397
训练数据集	12000	27527	27224	12275
测试数据集	12000	40108	21132	14122

四、苗草模型建立

YOLO 模型是目前最快的目标检测算法之一，虽然它已经不再是最精确
的目标检测算法，但是若要求实时检测时，YOLO 仍然是目前的最佳选择之
一。因此，本研究采用 YOLOv3 网络架构进行模型搭建。

1. 硬件介绍

视觉系统主要由工业摄像头和车载电脑完成，摄像头实时获取田间图像，
由车载电脑进行运算处理。摄像头采用工业 CCD 摄像头，其最高分辨率为

1360×1024 像素，帧率为 30 帧/s。为确保足够的视野范围，摄像头距离地面的高度为 700mm 左右。车载电脑为两台带有 GTX1060 NVIDIA 显卡的计算机。数据训练由工作站完成，工作站的显卡为 NVIDIA GeForce RTX2080Ti（11GB 显存），处理器 CPU 为英特尔至强 E5-267（12 核 24 线程，2.50GHz），运行内存 RAM 为 32GB。

2. YOLOv3 网络模型构建

YOLOv3 网络[26] 是从 YOLO[27] 和 YOLOv2 网络[28] 演变而来的，经过两次升级，YOLOv3 网络采用多尺度检测算法，能够更有效地检测图像中的大目标和小目标。三个尺度中每次对应的感受野不同：32 倍降采样的感受野最大，适合检测大的目标；16 倍适合一般大小的物体；8 倍的感受野最小，适合检测小目标。

YOLOv3 网络结构比 YOLOv2 更复杂，在图像基本特征提取方面，YOLOv3 采用 Darknet-53 网络结构作为特征提取器。Darknet-53 中包含 53 个卷积层，它借鉴了残差网络的思路。YOLOv3 网络苗草检测的过程如图 2-6 所示，图片被输入 Darknet-53 网络进行特征提取，通过三个尺度进行检测和输出。

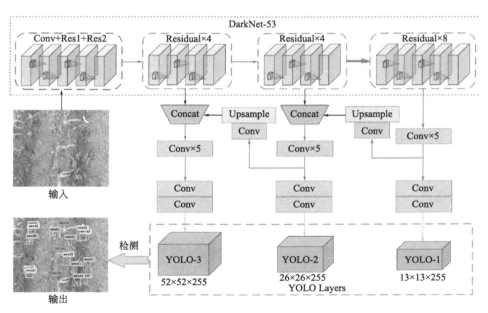

图 2-6 YOLOv3 网络苗草识别过程

Keras 是一个用 Python 编写的高级神经网络 API，它能够以 TensorFlow、CNTK，或者 Theano 作为后端运行。Keras 的特点是简单、快捷，能够花最少的时间搭建自己的程序框架，基于以上几点，本研究选择 Keras 2.1.5 并通过 Python3.5.2 进行编程。

五、除草区域建立

同一行内的苗带区域，按是否需要除草主要可以分为保护区和除草区，保护区的中心为目标植株，除草区是需要进行除草作业的杂草区域，理想的作业状态是除草刀避开所有的保护区而覆盖全部除草区。在深度学习苗草检测结果的基础上，根据苗草的分布位置构建保护区和除草区，从而指导除草刀进行作业。此外，为了尽可能降低伤苗率，对靶向除草模式的除草策略进行探讨。

保护区的构建，需要获取目标植株的生长位置。深度学习的检测结果可以得到一个包含植株的矩形框，矩形的形心可以粗略地作为目标植株位置，但是由于玉米苗叶片生长分布不均匀，再加上检测的边缘误差，这会导致计算位置与实际位置存在较大的偏差，从而增大伤苗的概率。为了更准确地获取植株的位置，将检测到的矩形框区域单独进行进一步处理，如图 2-7 所示。采用超绿

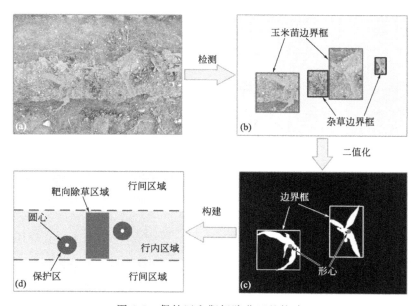

图 2-7　保护区和靶标除草区的构建

色模型[29] 对其进行二值化，经过小连通域滤除和滤波处理后，进一步求出形心位置。事实证明，经过该处理后，即使在有一定的检测误差的情况下，仍然可以获得比较准确的形心位置。

　　保护区的作用是防止除草刀损伤作物及其根系。因此，保护区的确定要依据玉米苗的根系分布情况。之前已经测量了土下 30mm 处玉米苗根系的分布半径为 70.53mm。考虑到检测误差的影响，为确保目标植株安全，将保护区半径适当增大，最终确定保护区直径为 80mm。获取到植株位置后，以其为圆心，半径 40mm 以内即为保护区范围。

　　两种模式下构建的除草区域如图 2-8 所示，图中 l_1 和 l_2 分别为靶向除草模式和连续除草模式下的除草区长度。靶向除草模式下，除草区域为杂草所生长的区域，而连续除草模式下，除草区为株间除保护区外的整个区域。

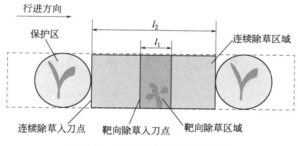

图 2-8　两种模式除草区的构建

六、除草策略制定

　　在降低伤苗率方面，靶向除草模式采用了更为合理的除草策略。靶向除草模式的除草策略主要分为三种情况，如图 2-9 所示。当杂草完全位于株间区域时，执行完全除草策略，如图 2-9（a）和（d）所示，此时除草刀完全覆盖杂草区域。当杂草位于保护区交界，但是其形心位于株间区域时，执行不完全除草策略，如图 2-9（b）和（e）所示，此时除草刀只对株间杂草生长的区域执行除草作业，对于保护区内的部分不执行除草作业。由于杂草的形心在除草刀的覆盖范围内，因此可以在保护作物的同时最大程度地铲除杂草。当杂草的形心位于保护区内时，则不进行除草作业，如图 2-9（c）和（f）所示。由于杂草的形心位于保护区内，很难实现在不伤苗的情况下去除杂草，因此不执行除草作业。

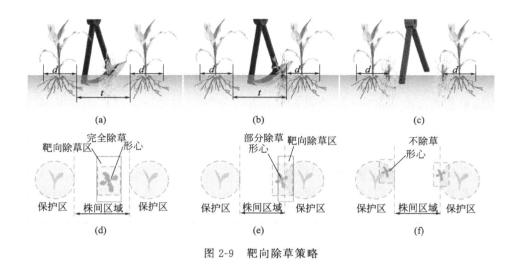

图 2-9　靶向除草策略

第二节　智能株间除草机器人系统设计

智能株间除草机器人系统采用模块化设计，主要由机器人移动平台和两个智能除草单元组成，智能除草单元挂载在机器人移动平台上。智能除草单元包括：视觉苗草识别系统、机械除草装置和除草刀控制系统。

一、除草机器人系统设计

1. 除草机器人整体结构介绍

机器人移动平台是除草机器人的结构本体，如图 2-10 所示是团队针对复杂田间作业环境开发的一款电驱通用型田间综合管理机器人平台，能为多种智能田间管理装置提供挂载需求。视觉苗草识别系统负责苗草目标检测、株距测量，指导末端执行器执行除草作业，视觉系统最终会构建出保护区和除草区。机械除草装置挂接在机器人移动平台上，负责避苗除草作业，是智能除草系统的主要除草执行部件。除草装置的末端执行器为倾斜安装的立式圆盘除草刀，在除草作业时，通过圆盘除草刀上的避苗空间和除草空间交替旋转实现避苗除草作业。除草刀控制系统与视觉系统配合，负责对除草刀的转速和转角进行精准驱动控制，从而在作业时控制除草刀精准避开植株进行除草作业。控制过程分为除草过程和避苗过程，控制系统根据当前的株距、车速、转角和位移信息，通过除草刀运动学模型实时控制除草的转速和转角。

图 2-10　智能除草机器人总体结构图

2. 避苗除草作业模式

类比化学除草的靶向喷洒和均匀喷洒两种除草方式，提出了靶向除草和连续除草两种机械除草作业模式。在不同农作物的不同除草时期，需要除草作业的田间实际情况是多种多样的。在杂草密度较低的情况下，连续除草会将许多不含杂草的除草区域破坏，大范围高频度的土壤扰动会导致土壤水分和营养流失，降低土壤的质量[30]，而且除草刀作业的频次越大，距离植株越近，其伤苗的可能性也就越大。因此，为了降低伤苗所带来的产量损失，设计了靶向和连续两种除草作业模式。靶向除草模式只对杂草生长的区域进行除草作业，当杂草密度较小时，该作业模式可以大幅减少除草作业频次，从而减轻对无杂草区域土层的破坏。同时，由于作业频次降低，也节省了系统功耗，增加了机器人平台的作业续航时间。

3. 避苗除草作业原理

本研究基于深度学习苗草检测技术，提出了一种基于立式旋转机构的新型智能株间除草装置，该除草装置绕水平轴旋转，类似于早些时候的间苗装置，机械除草装置的避苗除草原理如图 2-11 所示。由于除草刀在旋转除草时会受到平台前进速度的影响，导致除草刀的覆盖区域变形，使避苗除草控制更加困难。因此除草刀采用倾斜安装设计，除草刀旋转的向后分速度可以一定程度抵消平台的前进速度，从而尽可能抵消前进速度的影响。

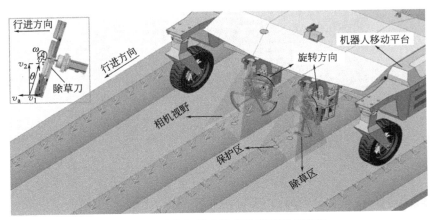

图 2-11　除草机器人避苗除草原理示意图

注：ω 为除草刀的转速，rad/s；θ 为圆盘除草刀的理论倾斜角，（°）；v_a 为移动平台的前进速度，m/s；v_r 为除草刀旋转的线速度，m/s；v_1 为 v_r 的向后分速度，m/s；v_2 为 v_r 的径向分速度，m/s。

目前平台上装有两组除草单元，它们转向相反，这可以尽可能抵消除草刀对平台产生的侧向载荷，后期会考虑进一步增加除草单元的数量以提高除草效率。圆盘除草装置上装有三把除草刀，除草刀之间的间隙作为避苗空间，除草刀分布区域作为除草空间。除草作业过程分为避苗过程和除草过程，一个完整的除草周期需要转动 120°。首先，深度学习视觉系统进行苗草检测并进行保护区和除草区的构建，当经过植株保护区时，除草装置进入避苗状态，植株从避苗空间穿过；而当经过除草区域时，除草装置进入除草状态，利用除草刀在株间区域进行铲切除草。

除草刀倾斜安装时除草覆盖区域如图 2-12 所示，理想情况下的除草覆盖区域为矩形。由于除草刀采用倾斜安装的设计，可以减少前进速度的影响。根据速度合成定理，圆盘除草刀的理论倾斜角 θ 计算公式为：

$$\theta = \arcsin \frac{v_a}{\omega R} \tag{2-1}$$

式中，θ 为圆盘除草刀的理论倾斜角，rad；v_a 为移动平台前进速度，m/s；ω 为除草刀转速，rad/s；R 为除草刀的半径，m。

如果靶标除草区的长度为 l，不考虑除草刀加减速的影响，除草时，除草刀转速和移动平台前进速度的关系为：

$$\omega = \frac{2\pi v_a}{3l} \tag{2-2}$$

由式（2-1）和式（2-2）可以求得，安装倾角、除草区长度和除草刀半径的关系为：

$$\theta = \arcsin \frac{3l}{2\pi R} \tag{2-3}$$

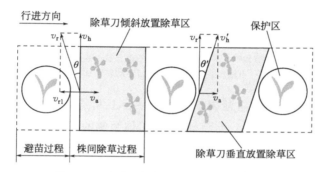

图 2-12 除草刀倾斜安装除草区域覆盖图

二、农田移动平台设计

机器人移动平台是本团队开发的电驱型通用移动挂载平台，可以为多种智能装备提供挂载需求，平台的设计效果如图 2-13 所示。平台在设计上借鉴了昆士兰理工大学 Bawden 等[31] 的设计经验，并在此基础上针对田间实际作业需求进行了改进升级。机器人移动平台主要由两侧的行走单元、中间的车体骨架以及搭载挂接装置组成。

机器人移动平台的特点是面向复杂的田间环境，因此对田间地形地况应有更强的适应性。该机器人采用后轮差速驱动设计，后轮由轮毂电机驱动，前轮为从动万向轮，通过调节两个后驱动轮的差速实现平台转向。采用该设计可以增加平台的转向灵活性，缩短转弯半径，甚至可以实现原地转向。同时，平台设计了轮距调节装置，机器人行走时底盘能够根据田间作业环境需要调整轮距，从而满足不同行距的除草作业需求。

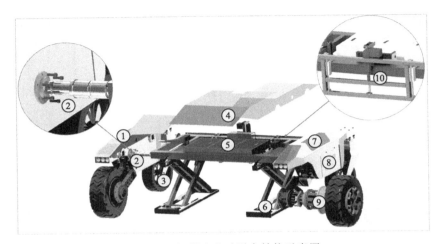

图 2-13　机器人移动平台结构示意图

1—独立行走单元；2—轮距调节装置；3—万向轮；4—平台上盖；5—车载控制箱；6—平台升降装置；
7—控制箱；8—电池箱；9—轮毂电机与驱动轮；10—可升降挂载架

机器人移动平台由蓄电池提供动力，平台上共搭载了 3 块 60V、60Ah 锂电池，其中两块并联在一起，分别固装在车体两侧的行走单元机箱内部，为轮毂电机供电。还有一块电源平时为挂载单元供电，同时也作为机器人平台的备用电源，当主电源不足时接通开关为平台提供电能，此三块电池基本上可以保证 8h 的续航作业需求。为了便于不同设备对电源电压的需求，平台上配备了一台 60V 转 220V、2000W 逆变器（锐帝 YT-2000PB）。机器人移动平台的电动机上装有速度编码器，平台的各项参数如表 2-4 所示。

表 2-4　机器人移动平台主要参数

项目指标	数值	单位
平台行驶速度	0.28～1.67	m/s
轮距调节范围	2～2.5	m
平台宽度	2.2	m
平台长度	1.8	m
平台质量	600	kg
电池电压	60	V
电池容量	60×3	Ah
逆变器规格	2000	W
轮毂电机功率	1.5×2	kW
驱动轮减速比	81	—

三、智能除草单元设计

除草系统采用模块化结构设计，将控制系统与视觉系统集成到除草单元内，有助于提高系统的可靠性、稳定性和可移植性，使除草单元可挂接于更多的除草平台。智能株间机械除草单元如图 2-14 所示，左侧为其三维模型图，右侧为实物图。除草单元主要由机架、摄像头及调节支架、立式圆盘除草刀、控制系统、驱动及传动系统以及倾斜角度调节装置组成。

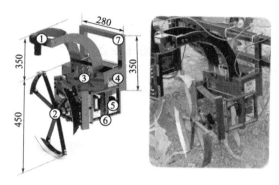

图 2-14　智能除草单元结构图
1—摄像头及调节支架；2—立式圆盘除草刀；3—控制系统；4—除草单元控制面板；
5—驱动及传动系统；6—倾斜角度调节装置；7—机架

除草单元通过机架安装在机器人移动平台的升降调节架上，由于目前是初代研究，因此还没有设计自调位装置，在以后的研究中会考虑逐步完善。控制系统的硬件部分安装在机架中间的空间内，包括伺服电机驱动器和 STM32 控制板等，该设计极大地提高了除草单元的集成化程度和空间利用率，使得除草单元更加紧凑。机架的侧边集成了除草单元的控制面板，包括状态显示数码管、开关组以及调节按钮。控制面板的数码管上会显示当前的工作状态参数，通过按钮可以设置当前的工作模式以及对除草刀进行微调。立式圆盘除草刀为系统的主要除草末端执行器，主要由除草刀杆和除草刀构成。

摄像头调节架上预留了摄像头的安装孔以及摄像头的角度调节固定孔，摄像头的俯仰角和水平角都可以通过摄像头调节架进行调节，以适应不同环境下的除草需要。多数情况下，摄像头采用的是垂直俯视的拍摄角度。立式圆盘除草刀的倾斜角度可以通过侧边的角度调节装置进行调节，角度调节范围为 0～35°，共分为 10 个挡，可依据情况需要自行调整。立式圆盘除草刀由交流伺服电机通过谐波减速器减速增扭驱动。

第三节　末端执行器与执行机构的优化设计

一、农田作业参数测定

玉米田的除草时间应当尽早，除草时间越早，对玉米产量的影响就越小[25]，本研究主要面向 2～3 叶期玉米田的株间杂草管理。为了确保设计出来的除草系统能够满足田间环境下的作业需求，有必要对田间关键作业参数进行实际测量。田间关键作业参数包括现场作业条件参数和玉米苗的生长形态参数，需要测量的参数如图 2-15 所示。

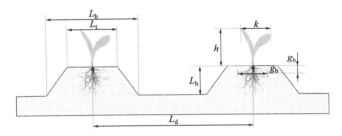

图 2-15　田间作业环境参数测量示意图

注：L_d 为玉米苗的行距，cm；L_t 为垄台的宽度，cm；L_b 为垄底的宽度，cm；L_h 为垄台的高度，cm；k 为玉米苗最大伸展直径，mm；h 为玉米苗的生长高度，mm；g_b 为玉米苗在土下 g_h 深度处根的分布直径，mm。

1. 田间作业环境测定

测试地点为东北农业大学试验田，测试时玉米苗处于三叶期左右，对试验田的玉米苗进行行距、株距、垄形以及土壤坚实度等参数的实地测量。随机在试验田选取 10 个测试点，测量该位置的行距、垄台形状和土壤坚实度等参数。土壤坚实度通过 SL-TYA 型硬度计进行测定，所有的测试结果如表 2-5 所示。

表 2-5　主要测量参数

测量编号	行距（L_d）/cm	垄高（L_h）/cm	垄台宽（L_t）/cm	垄底宽（L_b）/cm	土壤坚实度/kPa
1	64.6	16.1	18.9	37.3	64.7
2	64.8	16.1	18.8	36.3	80.4

续表

测量编号	行距（L_d）/cm	垄高（L_h）/cm	垄台宽（L_t）/cm	垄底宽（L_b）/cm	土壤坚实度/kPa
3	67.1	16.4	17.7	35.8	72.6
4	64.9	14.4	17.7	35.4	84.0
5	62.7	16.2	18.2	36.1	90.2
6	62.2	15.3	16.6	34.9	79.7
7	66.1	15.6	17.6	34.1	72.5
8	65.5	14.3	17.6	36.7	68.7
9	64.2	16.8	17.3	35.9	80.8
10	64.9	15.5	19.1	37.9	78.9
平均值	64.70	15.67	17.95	36.04	77.25
标准差	1.45	0.82	0.79	1.11	7.60

通过表 2-5 可以看出，试验田的种植行距约为 64.70cm，垄高约为 15.67cm，垄台宽度为 17.95cm，垄底宽度为 36.04cm，可以计算出两垄之间空地的宽度为 28.93cm。测定的土壤坚实度平均值为 77.25kPa，较高于其他文献中所描述的平均值，可能是因为测试时田间较为干燥，再加上数据集采集时会对田间地表造成踩踏和碾压，从而增大了土壤坚实度。

随机选择试验田的一行植株（约 100 株），对其株距进行连续测量，并对测量结果进行记录和统计分析，株距大小的频率分布如图 2-16 所示。从图中可以看出，株距的分布大小总体上符合正态分布，株距的分布区间在 29～30cm 最多，绝大多数是分布在 25～32cm。株距分布的均值为 28.48cm，标准差为 2.42cm。

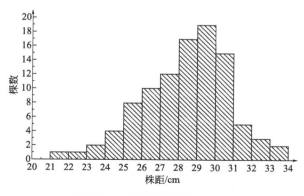

图 2-16 株距测量结果分布图

2. 玉米苗形态参数测定

玉米苗的生长形态参数对关键部件的设计十分重要，尤其是在确定除草刀的避苗空间和保护区大小方面。避苗空间是圆盘除草刀上除草刀之间的空白区域，作业时通过该区域来达到避苗的效果，而避苗空间的大小是根据玉米苗的生长形态来确定的。保护区是除草作业时为避免损伤植株根系而确定的一个保护范围，该区域同时也可以防止由于控制误差而引起的伤苗现象。保护区大小的确立是根据作业时玉米苗的根系分布范围来确定的。因此，需要对玉米苗的生长高度、伸展宽度以及根系的生长范围进行详细测量，如图 2-17 所示。试验田的玉米苗播种时间为 6 月 4 日，播种 15 天后玉米苗处于三叶期左右，在 6 月 19 日对玉米苗的生长状态参数进行测量。

(a) 测量植株高度　　　　　(b) 测量植株伸展宽度　　　　　(c) 测量植株根系分布

图 2-17　玉米苗生长形态参数测量

测量时随机挑选试验田的玉米植株进行测量，本次测量共进行了 50 组。测量结果如图 2-18 所示，玉米苗在三叶期左右时的生长高度均值为 120.85mm，最大伸展宽度直径均值为 211.90mm，玉米苗在土下 30mm 深度根部的分布直径均值为 70.53mm。由于玉米苗生长的扩展范围较大，叶片边缘的触碰不会

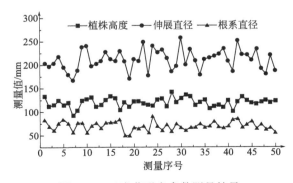

图 2-18　玉米苗形态参数测量结果

导致作物损伤，因此在避苗空间设计时，将玉米苗的躯干尺寸作为参考进行设计计算，玉米苗的躯干是指玉米苗的核心茎秆部分。玉米苗躯干的高度与原来不变，躯干的宽度取原来的 50%。

二、末端执行器设计与优化

圆盘除草刀是整个除草装置最关键的除草部件，除草刀的大小、数量和安装角主要通过避苗空间的大小来确定。避苗空间是除草刀之间用于避苗的空白区域，因此避苗空间的大小是通过植株形态大小来确定的。本研究是面向 2～3 叶期的玉米苗，三叶期玉米苗的高度一般为 110～130mm，最大伸展直径一般为 190～220mm。

除草刀的安装半径应在保证不伤玉米苗的前提下，使其尽可能地短。因为如果除草刀太大，会导致圆盘除草刀的尺寸和质量增大，增大转动惯量，增加系统功耗和控制难度。而如果太小的话，又不能满足玉米苗的避苗高度，从而损伤玉米苗。当入土深度为 30mm 时，确定除草刀的安装半径为 250mm，以适当增加避苗空间，适应更多作业条件。

圆盘除草刀上除草刀的安装数量，应在保证避苗空间的前提下尽可能地多。因为如果安装数量太少，会导致工作效率低下；若安装得过多会导致避苗空间变小，不能满足避苗需求。除草刀的避苗空间示意图如图 2-19 所示，图中保证不伤苗的 q 可由以下公式求得：

$$q = \arctan \frac{k}{2(R-d-h)} \tag{2-4}$$

式中，q 为避苗空间夹角的一半，rad；R 为除草刀半径，m；h 为玉米苗躯干高度，m；d 为入土深度，m；k 为玉米苗躯干宽度，m。

当入土深度 d 为 30mm，h 取 130mm，k 取 110mm，则避苗空间的夹角 $2q$ 至少应为 62.8°，考虑到避苗过程是在行进过程中，因此最终选取避苗空间的夹角 $2q$ 为 75°。

最终确定的除草刀分布结构如图 2-20 所示，除草装置安装有三组除草刀，相隔 120° 均匀分布，除草刀安装半径 R 为 250mm，避苗空间角度 γ 为 75°，除草刀安装角 β 为 45°，α 为 5°，其中阴影部分的扇形空间为避苗空间。避苗空间内有一小段除草刀，主要是为了增加除草刀的除草长度，同时又不会对避苗空间产生太大影响。

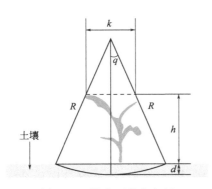

图 2-19　除草刀避苗空间

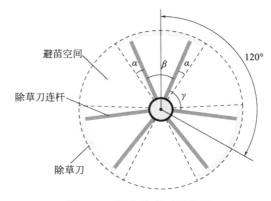

图 2-20　圆盘除草刀结构图

1. 末端执行器设计

除草刀是进行铲切除草的关键部件，其结构设计的合理与否将直接影响除草效果。为了探索最适合垄作条件的末端除草刀结构，根据土壤扰动程度的不同设计了刀片型、楔面型和犁面型三种类型除草刀，除草刀的形状如图 2-21 所示。

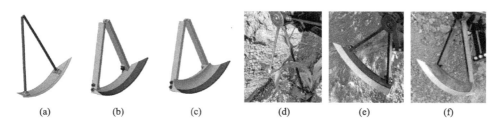

(a)　　　　(b)　　　　(c)　　　　(d)　　　　(e)　　　　(f)

图 2-21　三种除草刀的设计

刀片型除草刀，主要是为了减轻对土壤的扰动和减小工作阻力而设计的。作业时，刀片切削土壤，通过切断杂草的根茎来达到除草目的。为了加工制造方便，刀片的形状采用激光切割加工，然后安装到除草刀杆上。刀片的材料选择 1.0mm 厚经过热处理的 65Mn 弹簧钢，65Mn 弹簧钢经过热处理后具有较好的强度、硬度和韧性，是除草刀刀片材料的理想选择之一。

除草刀片相当于圆锥体表面的一段曲面，其展开平面理论上为一段扇形圆弧平面，如图 2-22 所示。除草刀在不同的入土角和除草半径下，其展开形状不同，除草刀片的展开参数计算如下。

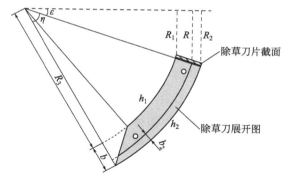

图 2-22　除草刀展开示意图

注：ε 为除草刀的入土角，rad；R 为除草刀安装半径，m；R_1 为除草刀的外边半径，m；R_2 为除草刀的内边半径，m；R_3 为 h_1 圆弧的半径，m；η 为除草刀的展开角，（°）；h_1、h_2 分别为除草刀展开的内圆弧和外圆弧长度，m；b 为除草刀的宽度，m。

h_1 圆弧的半径为：

$$R_3 = \frac{R}{\sin\varepsilon} - \frac{b}{2} \tag{2-5}$$

式中，R_3 为 h_1 圆弧的半径，m；ε 为除草刀的入土角，rad；R 为除草刀安装半径，m；b 为除草刀的宽度，m。

则 h_2 圆弧的半径为 R_3+b。除草刀的展开角和展开圆弧的长度计算如下：

$$\eta = \frac{360 \times R}{R_3 + b/2} \times \frac{\beta + 2\alpha}{360} = \frac{R(\beta + 2\alpha)}{R_3 + b/2} \tag{2-6}$$

$$h_1 = \eta R_3 \tag{2-7}$$

$$h_2 = \eta(R_3 + b) \tag{2-8}$$

式中，η 为除草刀的展开角，rad；h_1 为除草刀内圆弧展开长度，m；h_2 为除草刀外圆弧展开长度，m。

为增大对土壤的扰动程度，设计了楔面型除草刀。与刀片型除草刀不同，楔面型除草刀是基于中耕双翼铲的工作原理而设计的一种楔形弧面除草刀。该除草刀在切断杂草根系后，通过楔面将土壤抬高疏松，在松土过程中将杂草根部撕扯分开。楔面型除草刀整体采用除草刀片和刀座分离式设计，除草刀片安装在除草刀座上，除草刀座与除草刀杆固定在一起。这种分离式设计可以降低加工制作难度，其中除草刀片和刀座可以使用不同材料，从而安装耐磨性更好的触土部件，以便于有更好的切土效果，刀片选用 1.0mm 厚 65Mn 弹簧钢进行激光切割，其形状参数的计算类似于刀片型除草刀。

为了进一步增大对土壤的扰动程度，设计了犁面型除草刀。犁面型除草刀是基于铧式犁的工作原理进行设计的，意图将杂草的根部从土下翻到地表，从而尽可能大地损伤杂草根系，彻底消灭杂草。犁面型除草刀也采用除草刀片和刀座分离式的设计。除草刀座采用铸造的加工方式，其曲面基于铧式犁的犁体曲面进行设计，该曲面的作用是将土壤破碎并进行翻转。除草过程分为切土、起土和翻土三个过程。作业时，刀尖首先入土，刀片切土，土壤切开然后沿着除草刀曲面逐渐升高，伴随着除草刀的圆周运动，土壤被翻转和跌落，从而将杂草的根部从土下暴露出来，以便于彻底杀死杂草。

2. 末端执行器性能分析

土壤的特性较为复杂，到目前为止，土壤的力学特性还没有发现明确的规律。而相关研究表明，通过 EDEM 离散元技术模拟土壤和机具的相互作用是一种有效的分析方法。因此，在刀片型、楔面型和犁面型三种类型除草刀设计理念的基础上，通过 EDEM 仿真实验对除草刀的入土角进行分析和最终确定，并对设计完成后的三种除草刀进行仿真实验和作业性能分析。表 2-6 为仿真模型参数设置。

表 2-6 仿真模型参数设置

属性参数	参数值	属性参数	参数值
土壤的泊松比	0.3	土壤-土壤恢复系数	0.2
土壤的剪切模量/Pa	1×10^6	土壤-土壤静摩擦因数	0.5
土壤的密度/(kg/m^3)	1350	土壤-土壤动摩擦因数	0.3
除草刀（65Mn）泊松比	0.35	土壤-除草刀恢复系数	0.3
除草刀（65Mn）剪切模量/MPa	7.85×10^4	土壤-除草刀静摩擦因数	0.5
除草刀（65Mn）密度/(kg·m^3)	7830	土壤-除草刀动摩擦因数	0.05

土壤颗粒的基本结构主要包括球形颗粒、块状颗粒和柱状颗粒[32,33]。EDEM 中的基本元素是球形颗粒，参考杭程光等的研究成果，在 EDEM 中设置了四种颗粒，分别是球形颗粒、柱状颗粒和两种块状颗粒，如图 2-23 所示。球形颗粒具有单个球形元素；柱状颗粒由排列成一条线的三个球形元素组成；块状颗粒 1 也由三个球形元素组成，但排列成三角形分布；块状颗粒 2 有四个球形元素，它们的中心线形成一个三角形的金字塔。

目前，还没有统一的标准来确定土壤颗粒的大小，研究人员通过综合考虑模型的运算速度和仿真效果来决定颗粒的大小。如果颗粒模型半径太小，则模

(a) 球形颗粒　　(b) 柱状颗粒　　(c) 块状颗粒1　　(d) 块状颗粒2

图 2-23　土壤颗粒模型

型需要大量的颗粒进行填充，需要耗费大量时间计算，而如果颗粒模型半径过大，又会影响到模拟效果的准确性。相关资料显示，土壤颗粒半径 4～6mm可以满足模拟计算的性能要求，而且仿真模拟的结果没有明显失真[34]。为了保证仿真结果的准确性和可靠性，本研究选择土壤组成的基本颗粒半径为 1～2mm，四种颗粒的总体大小范围为 1～5mm，颗粒大小服从正态分布。土壤箱的长度为 1.2m，宽度为 0.5m，土层厚度为 0.2m。

　　土壤的力学特性比较复杂，通过理论分析计算最佳入土角度比较困难。因此，通过 EDEM 软件进行除草刀入土仿真实验来探究最佳入土角度。除草刀的仿真实验过程分为三个阶段：入土过程、出土过程和空转过程，如图 2-24所示。空转过程对应着除草刀的避苗过程，入土过程和出土过程对应着除草刀进入土壤的除草过程。实验采用刀片型除草刀，前进速度为 0.5m/s，转速为 3.49rad/s，入土深度为 35mm。入土角度从小到大依次设置了七个，分别是 0°、5°、10°、15°、20°、25°、30°，对每个入土角度都分别建立一组除草刀三维模型。

图 2-24　除草刀入土角仿真实验

　　每次仿真实验可以连续进行两次入土测试，每一组除草刀进行两次仿真实验，对 4 次入土的仿真数据进行导出，并通过 MATLAB 求出入土和出土曲线与时间轴的面积，然后再除以入土和出土的总时间求出平均阻力作为最终结果，七个不同入土角的仿真实验结果如图 2-25 所示，从图中可以看出，随着入土角的增大，前进阻力呈现先减小后增大的趋势。

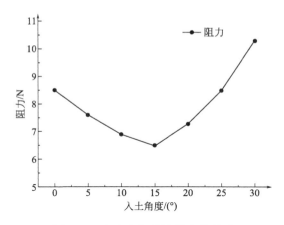

图 2-25　入土角与前进阻力的关系

通过除草刀的受力分析可知，除草刀前进时受到的阻力主要有两种，一种是切割土壤时除草刀表面受到的土壤阻力，另一种是土壤被推动和抬高时除草刀受到的反作用力。通过对七个不同角度的入土仿真实验结果分析可知，入土角较小时前进阻力较大，此时除草刀上下两个表面都要受到土壤的阻力。随着入土角的增大，除草刀只有上面单侧受到土壤的阻力，同时会一定程度受到土壤被推动和抬高的反作用力。而随着入土角进一步增大，土壤被推动和抬高的反作用力迅速增大，导致除草刀的阻力增大。基于上述仿真实验结果分析，将除草刀的入土角度确定为 15°。

3. 末端执行器的作业性能仿真与优化

三种除草刀设计完成后，通过 EDEM 仿真实验探究除草刀的作业性能。在 Pro/E 软件中分别建立了三种除草刀的最终三维模型，然后将三种除草刀分别进行入土仿真实验，如图 2-26 所示，对土壤扰动效果、牵引阻力和扭矩进行仿真实验分析。

通过 EDEM 仿真实验探究三种除草刀对土壤的铲挖扰动效果，仿真实验结果如图 2-27 所示。从图中可以看出，在同样的作业条件下，三种除草刀中，刀片型除草刀对土层的铲切扰动最轻，其次是楔面型除草刀，而犁面型除草刀对土层的铲挖扰动最大。

将除草刀仿真作业时的前进阻力和扭矩数据导出，并进行对比和分析，如图 2-28 和图 2-29 所示。从图中可以看出，无论是前进阻力还是扭矩，刀片型

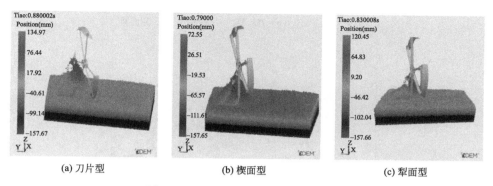

图 2-26　三种除草刀 EDEM 仿真实验

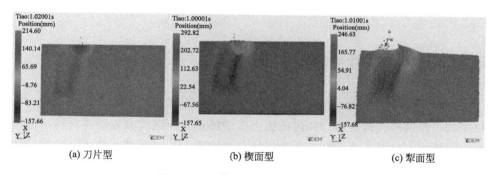

图 2-27　除草刀对土壤的铲挖效果

除草刀都是最小的。楔面型除草刀相比于刀片型除草刀，阻力和扭矩都有小幅度增加。而犁面型除草刀，由于对土壤的扰动较大，因而受到的土壤反作用力大，受到的阻力和扭矩是最大的。

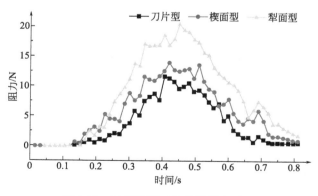

图 2-28　三种除草刀的前进阻力对比

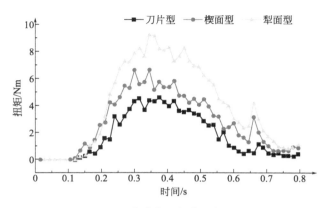

图 2-29 三种除草刀的作业扭矩对比

三、执行机构的设计与优化

除草刀的动力传动系统如图 2-30 所示，由于伺服电机具有启动转矩大、精度高、转速高、转矩恒定和过载能力强的特点，而谐波减速器具有传动速比大、承载能力强以及传动精度和传动效率高的特点，二者都非常适合农田的作业环境，因此系统采用伺服电机搭配谐波减速器来驱动除草刀进行作业。该设计可以免去采用多级传动所带来的机构臃肿，缩小了整个系统的体积，有利于机构的模块化，同时也保证了良好的作业性能。

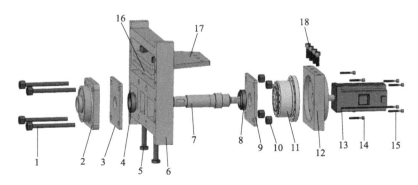

图 2-30 除草刀动力传动系统示意图

1—固定螺栓；2—带座轴承；3—前挡板；4—前圆锥滚子轴承；5—下固定螺栓；6—机架；
7—输出轴；8—后圆锥滚子轴承；9—后挡板；10—固定螺母；11—谐波减速器；
12—谐波减速器固定台；13—伺服电机；14—谐波减速器固定螺母；15—伺服
电机固定螺母；16—中间垫板；17—电机固定板；18—电机固定螺母

作业时由伺服电机提供动力，然后经过谐波减速器减速后传递给输出轴，由输出轴传递到圆盘除草刀上。由于除草刀在作业时，输出轴不仅要承受除草刀进入土壤时的径向载荷，同时还要承受除草刀前进时，铲切所带来的轴向载荷，因此输出轴的两侧设计了一对圆锥滚子轴承以承受径向和轴向载荷。输出轴和圆锥滚子轴承被前后挡板通过螺栓固定在机架的预留腔体内。由于机架的腔体较短，而输出轴较长，为了平衡输出轴的弯矩同时增加稳定性，在输出轴的末端增加了一个带座球面轴承。带座球面轴承具有自调心功能，其不仅起到支撑输出轴的作用，而且可以补偿机架腔体过大而导致的轴心跳动问题。

驱动圆盘除草刀作业所需要扭矩主要由两部分构成，一是除草刀本身加速所需要的扭矩，二是除草刀转动时克服土壤阻力所需要的扭矩。除草刀本身加速所需要的扭矩可以通过以下公式进行计算：

$$M = Je \tag{2-9}$$

式中，M 为圆盘除草刀加速所需的扭矩，N·m；J 为圆盘除草刀的转动惯量，kg·m^2；e 为圆盘除草刀的角加速度，rad/s^2。

为了降低系统的动力消耗，系统在保证圆盘除草刀强度的情况下应尽可能减小其转动惯量。因此，将除草刀杆做成中空结构，同时，将强度要求不高的零部件换成质量较轻的 PVC（聚氯乙烯）和铝合金等材料以减轻圆盘除草刀的质量。通过 Pro/E 软件分析三种圆盘除草刀的转动惯量，其中犁面型圆盘除草刀的转动惯量最大，约为 0.111kg·m^2。

除草刀最大角加速度发生在由静止开始加速启动时，此时除草刀需要在经过保护区的时间内由避苗状态进入除草状态，角加速度约为 178rad/s^2。因此，可以估算出除草刀加速所需的扭矩约为 20N·m。

通过 EDEM 对三种除草刀进行模拟入土仿真实验，测得三种除草刀克服土壤阻力所需要的扭矩大小，其中犁面型除草刀所需扭矩最大，约为 10N·m。结合除草刀的加速扭矩，可以求出三种除草刀所需的最大扭矩约为 30N·m。事实上，加速启动过程和入土过程是错开的两个时间，因此正常情况下，系统的最大扭矩达不到 30N·m。为了保证系统的可靠性，最终选择伺服电机的减速比为 1:50，选择伺服电机型号为安川 SGMJV-02ADE6S，搭配配套驱动器，谐波减速器的型号为哈默纳科 CSF-25-50-2A-GR。伺服电机搭配配套驱动器的具体性能参数如表 2-7 所示。伺服电机需要 220V 交流电，利用车载 60V 转 220V 逆变器进行供电。

表 2-7　伺服电机套装主要参数

项目名称	参数	项目名称	参数
伺服电机品牌	安川	型号	SGMJV-02ADE6S
额定输出功率	200W	额定电源电压	AC220V
额定扭矩	0.637N·m	最大扭矩	2.23N·m
额定电流	1.6A	最大电流	5.8A
额定转速	3000r/min	最大转速	6000r/min
额定角加速度	26000rad/s^2	驱动器型号	SGDV-1R6A

第四节　机器人智能控制系统搭建

在视觉系统构建了保护区和除草区后，控制系统负责根据除草区的大小以及车速等信息，驱动除草刀对目标区域进行铲切除草。理想情况是除草刀完全覆盖除草区而避开保护区，然而要想让除草系统准确无误地进行避苗除草作业，还需要建立良好的除草刀运动学控制模型。

一、硬件系统组成

除草刀是由伺服电机驱动的，伺服电机通过脉冲信号进行控制，转速的精准控制主要是需要发送精确的脉冲信号。整个系统的电力供应是由 60V 锂电池经过逆变器处理完成的，60V 锂电池安装在电源控制箱内，控制箱上配备开关和保护电路等配套设施。控制系统主要由 STM32 和控制面板组成，STM32控制板产生脉冲信号控制伺服电机，是控制系统的核心。控制面板可以对除草系统进行设置和微调等操作，除草系统的实时除草状态显示在控制面板的数码管显示屏上。

控制面板主要包括三个按钮和一个四位数码管，三个按钮分别是开关按钮、除草刀转角微调按钮和除草模式切换按钮。系统开关按钮可以设置系统启停状态，节省系统能耗的同时也保证了系统的安全性和可靠性。系统模式切换按钮可以设置当前系统的除草模式，便于两种模式间快速切换。除草刀转角微调按钮可以进行系统调试和转角微调，在除草刀的初始转角偏离正常位置时会进行微调复位。

二、控制策略制定

靶向除草模式和连续除草模式下的工作特性不同：靶向除草模式下，除草刀运动周期之间不连续，除草刀需要比较频繁地启动和停止；而连续除草模式下，除草刀运动周期之间连续不间断，除草刀连续运转，不需要停止。针对靶向除草模式和连续除草模式的工作特性，提出了时间和位移两种控制方式。

时间控制方式是把经过目标区域的时间作为除草刀旋转周期的运行时间。通过视觉系统记录经过目标区域所经过的时间差，当除草刀到达目标区域时，把该时间差传递给除草刀控制系统，控制系统以该时间为旋转周期驱动除草刀旋转。时间控制策略假设机器人移动平台的作业速度是匀速不变的，否则会导致视觉系统记录的时间不准确。

位移控制方式是以速度编码器的信号为位移信号，根据位移的大小实时对应控制除草刀的转角。通过视觉系统计算目标区域的长度，当除草刀到达目标区域时，由速度编码器信号记录位移，根据位移与总长度的比例动态调节除草刀的转速。

时间控制方式更为简单和快速，位移控制方式则更为准确。为了确保控制系统的准确度，控制系统采用时间和位移控制相结合的方式。机器人移动平台的作业速度比较稳定，因此采用时间控制方式为主、位移控制方式为辅的控制方案。控制系统主体是时间控制方式，同时采用位移控制方式对其进行监督和修正。

三、控制算法优化

除草刀周期性地进行旋转，每个周期旋转 120°。两种除草模式下，除草刀的转速都需要频繁地快慢变化。由于除草刀的转动惯量较大，速度的突然变化会引起系统的冲击和振动，容易对伺服电机和谐波减速器造成损坏。因此，有必要采用加减速控制算法来缓解速度的突然变化。

1. S 形加减速算法

加减速算法主要有梯形加减速和 S 形加减速控制算法等。梯形加减速的加速度存在突变，在连续高速转动的时候，会对系统产生冲击。而对于三阶以上的多项式 S 形加减速曲线，其一阶和二阶导数均连续，即加速度和加加速度均不存在突变，是较为理想的速度曲线。因此，除草刀转速选用 S 形加减速速度控制。S 形加减速速度曲线实质上是一个分段的二次多项式函数，如图 2-31 所示，标准的一个 S 形加减速速度曲线模型由七段组成，分别是加加速、匀加速、减加速、匀速、加减速、匀减速、减减速。

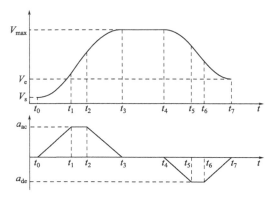

图 2-31　标准 S 形加减速速度曲线模型图

　　由于避苗过程需要快速转动，株间除草过程需要慢速转动，结合 S 形加减速速度曲线特性，在一个加减速周期内，将减速后的函数段作为株间除草过程曲线，其余的函数段作为避苗过程，避苗过程的除草刀转速曲线为加速—匀速—减速的过程。

　　除草刀控制系统工作的流程如图 2-32 所示，随着平台的前进，视觉系统检测目标位置，构建玉米苗保护区和株间除草区，并计算保护区和株间除草区的长度，并传递给控制系统。当到达玉米苗保护区后，控制系统进入避苗过程，根据视觉系统传递的参数，根据速度控制模型驱动除草刀快速启动经过该区域，除草刀经过快速的加速和减速转动过程。减速过程结束后，控制系统进

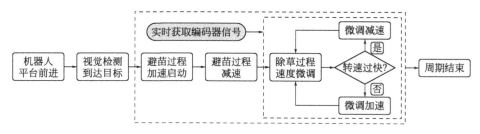

图 2-32　除草刀控制流程图

入株间除草过程，此时根据当前的位移和转角大小对除草刀转速进行微调，从而保证不伤苗同时覆盖整个除草区域。株间除草过程结束后，控制系统紧接着进入下一个除草周期，再次进入避苗过程和除草过程。

2. 运动学模型

标准的 S 形加减速速度算法分段较多，计算量大，因此在实际使用中多采用简化的 S 形加减速速度算法[35,36]。简化的 S 形加减速算法去掉了匀加速和匀减速段，整个 S 形加减速曲线模型由加加速、减加速、匀速、加减速、减减速五段组成。简化后的 S 形加减速速度算法计算更为简洁，响应速度更快，工作效率更高。

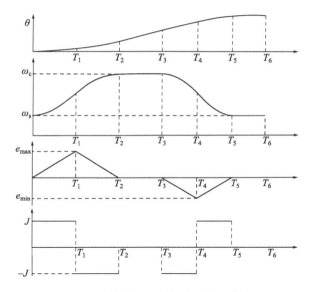

图 2-33　简化的 S 形加减速模型曲线

连续除草作业模型下，结合具体的工作需求，将 S 形加减速速度曲线分为 6 段，如图 2-33 所示，分别是加加速（$0 \sim T_1$）、减加速（$T_1 \sim T_2$）、匀速（$T_2 \sim T_3$）、加减速（$T_3 \sim T_4$）、减减速（$T_4 \sim T_5$）、匀速（$T_5 \sim T_6$）。将 S 形加减速速度曲线的前五段作为避苗转速曲线，将最后一段速度曲线作为除草转速曲线。由于除草刀在每个周期中的起始角速度和结束角速度不相等，为了使速度变化平稳，通过控制加速时间和减速时间不同来实现不同的初末速度。假定六段函数各自的时间分别为 t_1、t_2、t_3、t_4、t_5 和 t_6，为了简化模型的复

农田除草机器人识别方法与装备创制

杂度，减少计算量，设定加速过程两段曲线的加速时间相等，减速过程两段曲线的减速时间相等，简化中间的匀速段曲线，即：

$$t_1 = t_2, t_3 = 0, t_4 = t_5 \tag{2-10}$$

为了表示方便，将每一段加速过程的时间表示为 t_a，将每一段减速过程的时间表示为 t_b，即：

$$t_a = t_1 = t_2, t_b = t_4 = t_5 \tag{2-11}$$

各个函数段的时间间隔主要由通过保护区和株间除草区的时间决定，若目标植株的保护区直径为 d，机器人移动平台的前进速度为 v_a，则除草刀在经过该区域时需要的时间为 t_d，同时也是前五段速度函数的时间总和，即：

$$t_d = \frac{d}{v_a} \tag{2-12}$$

$$t_d = 2(t_a + t_b) \tag{2-13}$$

若株间除草区的长度为 l，则除草区所需时间如式（2-14）所示，从图 2-33 可以看出，除草作业段的转速恒定，除草刀除草区域的角度为 $\beta + 2\alpha$，因此可以求出除草过程中除草刀的转速，结果如式（2-15）所示：

$$t_6 = \frac{l}{v_a} \tag{2-14}$$

$$\omega_1 = \frac{\beta + 2\alpha}{t_6} \tag{2-15}$$

在各个函数区段上，转角、转速、角加速度和角加加速度四者之间的关系式如下。假定 S 形加减速速度模型的角加加速度为 J，减加速度为 $-J$，则整段角加加速度函数的表达式如式（2-16）所示：

$$J(t) = \begin{cases} J & t \in [0, T_1] \\ -J & t \in (T_1, T_2] \\ 0 & t \in (T_2, T_3] \\ -J & t \in (T_3, T_4] \\ J & t \in (T_4, T_5] \\ 0 & t \in (T_5, T_6] \end{cases} \tag{2-16}$$

对整段角加加速度函数进行积分得到角加速度的表达式，角加速度的表达式为一元一次方程，如下所示：

$$e(t)=\begin{cases} Jt & t\in[0,T_1] \\ Jt_a-J(t-T_1) & t\in(T_1,T_2] \\ 0 & t\in(T_2,T_3] \\ -J(t-T_3) & t\in(T_3,T_4] \\ J(t-T_4)-Jt_b & t\in(T_4,T_5] \\ 0 & t\in(T_5,T_6] \end{cases} \qquad (2\text{-}17)$$

因为角加速度的函数 $e(t)$ 为连续函数，为了将整段函数曲线连续起来，角加加速度函数进行积分后搭配了常数项。对整段角加速度函数进行积分，可以求得角速度的函数表达式，角速度的表达式为一元二次方程，如下所示：

$$\omega(t)=\begin{cases} \dfrac{1}{2}Jt^2+\omega_s & t\in[0,T_1] \\[2mm] \omega_c-\dfrac{1}{2}J(t-T_2)^2 & t\in(T_1,T_2] \\[2mm] \omega_c & t\in(T_2,T_3] \\[2mm] \omega_c-\dfrac{1}{2}J(t-T_3)^2 & t\in(T_3,T_4] \\[2mm] \dfrac{1}{2}J(t-T_5)^2+\omega_1 & t\in(T_4,T_5] \\[2mm] \omega_1 & t\in(T_5,T_6] \end{cases} \qquad (2\text{-}18)$$

角速度的函数 $\omega(t)$ 为连续函数，同样，为了将各个函数段连续，角加速度函数进行积分后也搭配了常数项，常数项对曲线形状没有影响，但是会对后面的积分结果有影响。在 $T_2\sim T_3$ 和 $T_5\sim T_6$ 段，由于角加速度为 0，因此角速度维持不变。ω_s 为初始角速度，ω_1 为株间除草过程的转速，ω_c 为加速后最快的角速度，ω_c 和 ω_1 如式（2-19）和式（2-20）所示。

$$\omega_c=Jt_a^2+\omega_s \qquad (2\text{-}19)$$

$$\omega_1=\omega_c-Jt_b^2 \qquad (2\text{-}20)$$

对整段角速度函数进行积分，可以求出除草刀角度转角函数的表达式，除草刀转角函数表达式为一元三次方程。在 $T_2\sim T_3$ 和 $T_5\sim T_6$ 段，角加速度为 0，角速度维持不变，因此积分后的角度函数为一元一次方程。

$$\theta(t) = \begin{cases} Jt^3/6 + \omega_s t & t \in [0, T_1] \\ \omega_c t - \dfrac{1}{6}Jt^3 + \dfrac{1}{2}JT_2 t^2 - \dfrac{1}{2}JT_2^2 t & t \in (T_1, T_2] \\ \omega_c t & t \in (T_2, T_3] \\ \omega_c t - \dfrac{1}{6}Jt^3 + \dfrac{1}{2}JT_3 t^2 - \dfrac{1}{2}JT_3^2 t & t \in (T_3, T_4] \\ \omega_1 t + \dfrac{1}{6}Jt^3 - \dfrac{1}{2}JT_5 t^2 + \dfrac{1}{2}JT_5^2 t & t \in (T_4, T_5] \\ \omega_1 t & t \in (T_5, T_6] \end{cases} \tag{2-21}$$

通过观察和分析角速度的函数特性可知，其实角速度函数图像中加速度过程的两段曲线形状和长度完全相同，其本质都是一半的抛物线，只不过减加速（$T_1 \sim T_2$）段与加加速（$0 \sim T_1$）段的抛物线朝向相反。减加速（$T_1 \sim T_2$）段的抛物线是加加速（$0 \sim T_1$）段抛物线沿 x 轴正向平移 T_2，沿 y 轴正向平移 $\omega_c - \omega_s$ 的结果。观察角速度函数的图像可知，加速过程和减速过程的转角为：

$$\theta_{ac} = (\omega_s + \omega_c) t_a \tag{2-22}$$

$$\theta_{de} = (\omega_1 + \omega_c) t_b \tag{2-23}$$

除草刀的避苗空间角度为 $\gamma_0 = \gamma - 2\alpha$，因此避苗过程的总转角为 γ_0，即加速过程和减速过程的总转角为：

$$\theta_{ac} + \theta_{de} = \gamma_0 \tag{2-24}$$

整个 S 形加减速速度算法模型的关键参数变量有：角加加速度 J、初始角速度 ω_s、最高角速度 ω_c、结束角速度 ω_1 以及加速、减速和匀速过程的时间 t_a、t_b 和 t_6。ω_s、ω_1 和 t_6 是已知变量，ω_s 是本周期初始角速度，也是上一个周期结束时的角速度。对上述的表达式进行整合，可以得到一个消除未知变量 ω_c 和 J 的一个方程：

$$\frac{(\omega_1 - \omega_s) t_d t_a^2}{t_a^2 - \left(\dfrac{t_d}{2} - t_a\right)^2} + 2(\omega_s - \omega_1) t_a + (\omega_s + \omega_1) t_d = 2\gamma_0 \tag{2-25}$$

由于式（2-25）方程十分复杂，正常情况下很难求解出结果，因此，考虑借助 MATLAB 软件辅助求解方程，将方程式尽可能地化简后，通过 MATLAB 的 solve 函数求解出两个 t_a 结果：

$$t_{a1}=3t_d\omega_1-4\gamma_0+t_d\omega_s+\dfrac{\sqrt{16\gamma_0\left[\gamma_0-t_d(\omega_1+\omega_s)\right]+5t_d^2\left[(\omega_s+\omega_1)^2-\dfrac{4}{5}\omega_s\omega_1\right]}}{4(\omega_1-\omega_s)}$$

$$(2\text{-}26)$$

$$t_{a2}=3t_d\omega_1-4\gamma_0+t_d\omega_s-\dfrac{\sqrt{16\gamma_0\left[\gamma_0-t_d(\omega_1+\omega_s)\right]+5t_d^2\left[5(\omega_s+\omega_1)^2-\dfrac{4}{5}\omega_s\omega_1\right]}}{4(\omega_1-\omega_s)}$$

$$(2\text{-}27)$$

通过代入数值进行实际求解发现，只有 t_{a1} 解符合要求。整个运动学模型求解时，先计算出 t_a 值，然后再通过上述的关系式求出其他变量，进而求出整个模型的参数。求解出角速度与时间和平台位移的关系模型后，就可以进一步求解出任何时刻除草刀上任意点在空间中的位置。以除草刀在起始位置时的中心为坐标原点，x 轴方向为平台前进方向，除草刀安装倾角为 θ，其绕自身轴线逆时针转动。

除草刀的运动过程由除草刀随平台前进和除草刀绕其自身轴线转动合成。选刀刃上任意点为研究对象，以圆盘除草刀圆心为坐标原点，建立笛卡儿直角坐标系，任意时刻除草刀上任意点 M 的运动轨迹方程如式（2-28）所示。除草刀的空间轨迹曲线图如图 2-34 所示，图中绿色的圆柱代表植株和保护区，随着高度的变化，轨迹的颜色也随之变化。

$$\begin{cases} x=-R\sin(\omega t)\sin\theta+v_a t \\ y=R\sin(\omega t)\cos\theta \\ z=R-R\sin(\omega t) \end{cases} \qquad (2\text{-}28)$$

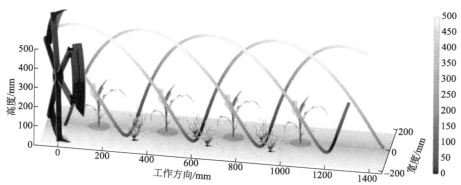

图 2-34　除草刀仿真轨迹曲线

第五节　智能除草机器人系统试验

本章通过台架试验和室内土槽试验对机器人除草系统进行系统调试和除草预实验，通过室外田间试验对机器人系统的除草性能进行试验。田间除草性能试验考察智能株间除草机器人系统在实际田间环境下的除草性能，试验结果对发现和改进除草机器人系统存在的问题具有重要的指导意义。

除草系统的作业对象是 2～3 叶期的玉米苗，而玉米一旦播种后其可以进行田间试验的窗口期很短，因此需要在试验期到来之前完成整个除草系统的搭建和调试工作，从而保证在试验期内顺利完成田间试验。为此，进行了台架试验和室内土槽试验，以逐步模拟田间真实作业环境，提高除草系统作业的可靠性和稳定性。

一、台架试验

传送带台架试验具有实验参数实时可控的优点，因此将除草系统首先在简易台架试验台上进行试验测试。试验地点位于东北农业大学工程训练中心，时间在 2019 年 5 月 7 日～15 日，试验所需要的材料有：简易传送带台架试验台、样苗、样草、卷尺、单片机和除草系统样机，除草系统样机包括机械除草装置、摄像头、笔记本电脑、STM32 控制板等。

视觉系统要有足够的视野范围从而识别出玉米苗和株间区域，视野内至少包含两个玉米苗及其株间区域。通过测试摄像头在不同安装位置的视野范围，对摄像头的安装高度和安装位置进行确定。测试表明，要保证视野内至少包含两个玉米苗（400mm），摄像头高度至少为 600mm。

在某些视觉系统中将摄像头和末端执行器前后分开放置[37,38]，作业时摄像头先观察到目标，然后经过一定时间或者位移后目标才能抵达末端执行器，该放置模式容易造成定位偏差。为此在本研究中，将末端执行器包含在摄像头视野内，通过测试摄像头的安装位置，确定摄像头安装在末端执行器前200mm 处。

除草刀的控制采用时间与位移控制相结合的方式，视觉检测系统与除草刀控制系统的协同作业过程如图 2-35 所示。玉米苗目标在传送带上依次进入除草区域，首先视觉检测系统发现目标 1，同时系统启动对目标 1 的计时，直到发现下一个目标时结束对目标 1 的计时，该时间即为经过株间区域所需要的时间。之后发现目标 2，同时启动对目标 2 的计时，同样直到发现下一个目标才会结束对目标 2 的计时，依次类推。视觉系统检测到目标 1 到达末端执行器后，系统发送除草刀启动指令给控制系统，同时将经过株间区域的时间也发送给控制系统。视觉系统在检测到目标后还会对株距进行测量，并发送给控制系统。控制系统主要由 STM32 产生 PWM 脉冲信号驱动除草刀转动。在接收到启动指令后，控制系统根据除草刀运动学模型迅速加速启动经过保护区进入除草状态。之后，除草刀进入匀速株间除草过程，根据株距和位移大小对除草刀转速进行动态调节。视觉系统在发送启动指令时，利用经过株间区域的时间实现对株距的判断，若发现株距异常，系统会取消该次除草动作以防止误伤目标。经过目标后，视觉系统会把已经过目标的数据清除，同时对现有目标的编号进行重新排序。

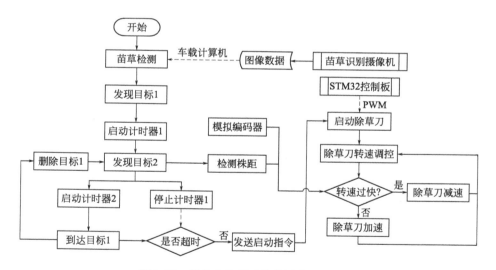

图 2-35　视觉和控制系统协同作业流程图

通过台架试验，在不同的速度和株距条件下，对视觉、控制和机械系统三者的协同作业性能进行测试。由于视觉和控制系统本身的运算耗时，实际避苗除草控制效果会有一定程度的降低。因此，需要根据测试结果对视控参数进行适当调整，从而提高实际作业环境下的避苗除草准确度。调整后的系统在不同株距下的控制效果如图 2-36 所示。

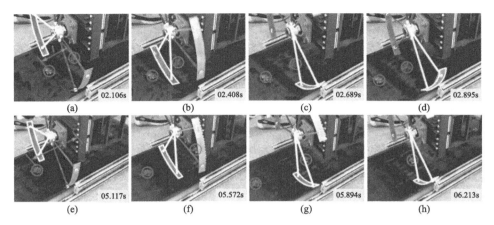

图 2-36 不同株距下避苗除草效果

在完成了对视觉、控制和机械系统的初步试验后，为了进一步接近真实的作业环境，进行了室内土槽试验。室内土槽试验有真实的土壤环境，并且接入了平台的速度传感器，可以模拟真实作业环境对除草系统进行综合测试。通过室内土槽试验，确定最佳作业的性能参数，从而进一步进行田间除草试验。为了便于在室内进行试验，采用小型试验车体平台。试验地点位于东北农业大学工程训练中心，时间在 2019 年 5 月 19 日～25 日，试验所需要的材料有：室内土槽、样苗、样草、卷尺和整个除草系统等。

室内土槽试验中，完成了除草刀在不同前进速度、旋转速度以及入土深度下的铲切除草效果测试。测试表明，不同前进速度、旋转速度和入土深度对铲切除草效果有影响，较快的前进速度、较高的旋转速度以及较深的入土深度会使得铲切除草效果更好，但是前进速度过快会导致除草刀的响应不及时，通过试验发现，在保证基本控制精度的前提下，前进速度范围为 0.2～0.7m/s，在 0.5m/s 时取得最佳除草精度控制效果。试验发现满足铲切除草的入土深度为 20～50mm，入土深度太深容易导致苗草被掩埋，同时系统功耗也大幅增加，综合考虑，入土深度为 40mm 时取得较好的破土除草效果。因此，室外田间除草试验的作业速度确定为 0.5m/s，除草刀入土深度为 40mm。

二、田间试验

1. 试验材料和试验方法

试验地点在黑龙江省哈尔滨市东北农业大学试验田，土壤类型为典型的东北黑壤土，试验田大小为 60m×30m，试验玉米苗种植株距为 250～300mm，垄距为 600mm。试验材料为播种后 15 天左右的玉米苗及其伴生杂草，玉米品种为先玉 696。

田间除草试验主要进行三方面的除草性能测试，首先对深度学习苗草检测系统进行测试，其次对三种除草刀的破土除草效果进行测试，最后对两种除草模式进行除草性能对比试验。

深度学习苗草检测系统试验主要对系统的苗草识别准确度进行测试，为了测试视觉检测系统在不同杂草密度下的除草效果，在田间杂草自然生长的基础上，通过人工除草和移栽等方式使试验田的部分区域呈现不同杂草密度分布状态，依次呈现出"很少""较少""一般""较多"四种杂草分布状态。在"一般"杂草密度试验田中，不进行任何杂草管理，而在"很少"和"较少"杂草密度试验田中，进行人工除草，并将杂草移栽到"较多"杂草密度试验田中。为了尽可能接近杂草自然生长状态，杂草的移植需尽早进行。杂草的密度由人工统计，通过多次测量求出平均值作为最终结果，"很少""较少""一般""较多"下平均杂草分布密度分别为 12 株/m²、21 株/m²、35.67 株/m² 和 48.67 株/m²。

将除草率、伤苗率和侵入率作为除草效果评价指标。除草刀对靶标除草区进行铲切破坏，则视为除草成功。除草刀进入保护区，将目标植株铲除或者因根系破坏而明显倾倒，则视为伤苗。除草率和伤苗率由人工统计进行计算，除草率和伤苗率的计算公式为如下：

$$\eta_1 = \frac{Q_1 - Q_2}{Q_1} \times 100\% \qquad (2\text{-}29)$$

$$\eta_2 = \frac{M_2}{M_1} \qquad (2\text{-}30)$$

式中，η_1 为除草率，%；Q_1 为除草前株间杂草总数，株；Q_2 为除草后株间杂草总数，株；η_2 为伤苗率，%；M_1 为除草前玉米苗总数，株；M_2 为除草过程中伤苗总数，株。

相比于连续除草模式，靶向除草模式可以减少土层的破坏范围，其减少程度在综合除草性能试验时进行记录，其计算公式为：

$$k_z = \frac{(L_z - L_p) - L_b}{L_z - L_p} \qquad (2\text{-}31)$$

式中，k_z 为减少土壤破坏面积的比例，%；L_z 为苗带的总长度，m；L_p

为保护区的总长度，m；L_b 为靶标除草区的总长度，m。

2. 视觉系统草苗检测试验

本研究在多苗期、多天气和多角度的情况下采集了 90000 余张田间图片，精选出 3000 张图片进行数据增强和图像标记后，将数据集输入 YOLOv3 网络进行模型训练，最终准确率达到了 95.68%，召回率为 93.26%。

不同杂草密度下的苗草检测结果如表 2-8 所示，每组试验的对象为两行（120mm）玉米苗及其伴生杂草。视觉系统测试时，对直径小于 30mm 和保护区之内的杂草不予统计，为方便统计，将两类杂草标签统一归到一个杂草总类中，随着试验编号增大，杂草的密度依次增大。从试验结果可以看出，杂草的检测准确率普遍比玉米苗的检测准确率偏低。杂草密度越小，苗草的检测准确率越高，玉米苗最高检测准确率可以达到 99.77%。随着杂草密度的升高，玉米苗和杂草的检测准确率都呈现逐渐降低趋势，而且杂草检测的准确率降低更为明显。在 35.67 株/m^2 的杂草密度下，玉米苗的检测率为 96.80%，杂草的检测率为 90.66%。在杂草密度最高时，苗草检测准确率也降到最低，玉米苗和杂草的最低检测率分别为 93.41% 和 85.90%。

表 2-8　不同杂草密度下苗草识别效果

试验编号	杂草密度/(株/m^2)	作物检测准确率/%	杂草检测准确率/%
1	12.00	99.77	98.74
2	21.00	98.79	96.71
3	35.67	96.80	90.66
4	48.67	93.41	85.90

视觉系统采用了深度学习苗草识别技术，相比于传统机器视觉技术，该技术能适应杂草密度较高时更加复杂的田间状况。在 48.67 株/m^2 的杂草密度下仍然可以达到 93.41% 的植株检测率和 85.90% 的杂草检测率。杂草的检测率比植株的检测率普遍偏低，可能是因为植株的叶龄和形态特征更为统一，有利于模型检测。而杂草种类繁多，虽然已经将杂草按外观形态分成了阔叶类杂草和窄叶类杂草，但是每一类中仍有多个品种多种形态，而且杂草的生长时期更为分散，导致杂草的特征更为分散，从而在一定程度上降低了检测准确率。

3. 三种类型除草刀除草试验

三种除草刀除草试验的结果如表 2-9 所示，D1～D3 分别对应刀片型、楔面型和犁面型除草刀。试验每个组的测试对象为两行玉米苗，速度为 0.5m/s，除草刀安装倾角为 25°，入土深度为 40mm，在 35.67 株/m^2 的杂草密度下进行试验。试验表明，三种除草刀在视觉系统的引导下均可以准确进行除草作业，除草效果与除草刀类型的相关性不大。三组试验中，除草率最高达到82.24%，最低为 80.91%，伤苗率最高为 1.12%，最低为 0.93%。土层的削减程度直接受到除草刀类型的影响，刀片型除草刀对土壤层的扰动破坏最小，其次为楔面型除草刀，犁面型除草刀对土层的破坏效果最大，平均削低了35mm 的垄层高度。

表 2-9　三种除草刀对比除草试验

编号	玉米苗数量/株	杂草数量/株	除草率/%	伤苗率/%	土层削减/mm
D1	445	550	80.91	1.12	21
D2	430	532	81.77	0.93	29
D3	424	518	82.24	0.94	35

由于除草刀的圆盘状结构以及其立式旋转的除草方式，试验中也发现，除草作业时除草刀会将除草区域的土壤夹带着杂草抛出苗带区域，尤其是犁面型除草刀。这使得杂草被迫离开原位置，而且杂草根部有更大可能被暴露在外边，使得杂草的存活率进一步降低，而且即便有些杂草没有被杀死，等到杂草恢复的时候就已经属于行间杂草，可以采用行间除草装置更容易地进行除草作业，这也为株间除草方案提供了另一种思路。

三种除草刀对田垄的破坏程度如图 2-37 所示，图（a）～（c）为除草前的图片，图（d）～（f）为三种除草刀作业后的除草场景。阴影部分为除草覆盖区域，圆圈里标示出了杂草的位置。从图中可以看出：刀片型除草刀对土层的扰动较小，杂草被切断后仍残留在土壤中，还处于株间区域；楔面型除草刀对土壤层的扰动效果适中，杂草被切割后很大程度地被抛出株间区域，其根部被暴露在地表的概率更高；犁面型除草刀对土层的破坏最大，杂草被完全翻转到行间区域，但同时抛出的土壤较多，导致杂草被一定程度地掩埋，同时也对垄形造成了较大程度地破坏。综合考虑，楔面型除草刀更适合垄作田间环境的除草工作。

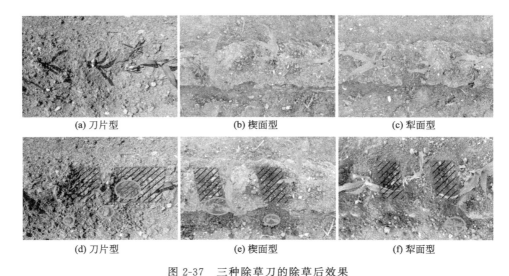

(a) 刀片型　　　　　　　　(b) 楔面型　　　　　　　　(c) 犁面型

(d) 刀片型　　　　　　　　(e) 楔面型　　　　　　　　(f) 犁面型

图 2-37　三种除草刀的除草后效果

4. 两种模式下除草性能对比试验

采用楔面型除草刀进行两种模式下除草性能对比试验，在 35.67 株/m² 的杂草密度下进行试验，作业速度为 0.5m/s，圆盘除草刀的安装倾角为 25°，靶向除草和连续除草试验对象分别为 3 行玉米苗，除草试验结果如表 2-10 所示。靶向除草模式三组试验的平均除草率为 81.73%，平均伤苗率为 1.20%。连续除草模式三组试验的平均除草率为 85.39%，平均伤苗率为 5.03%。

表 2-10　两种模式下除草性能对比试验

试验编号	靶向除草		连续除草		靶向除草模式相较于连续除草模式减少土层破坏/%
	除草率/%	伤苗率/%	除草率/%	伤苗率/%	
1	83.25	1.50	85.64	5.53	28.92
2	80.16	0.90	87.38	4.75	30.51
3	81.78	1.20	83.15	4.82	30.14
平均	81.73	1.20	85.39	5.03	29.86

相较于连续除草模式，靶向除草模式平均减少地表土层破坏范围为 29.86%。由于靶向除草模式采取了更为合理的除草策略，再加上其作业长度更短，除草刀避苗作业的过程距离作物较远，因此靶向除草模式的平均伤苗率为 1.2%，能有效减少因伤苗所带来的产量损失，但是同时也降低了 3.66% 的

除草率。试验也发现，杂草密度越小，靶向除草模式可以减少的地表土层破坏范围越大，除草效果越好，同时也可以增加系统的续航时间。靶向除草模式下的除草效果如图 2-38 所示，其中第一幅图片为除草前的情景，第二幅图片为除草后的俯视图，第三幅图片为除草后的斜视图。

图 2-38　除草前与除草后的效果对比

第六节　小结

本章针对智能株间除草机器人进行介绍。首先，对除草系统的苗草检测系统进行搭建。视觉系统采用深度学习苗草检测技术，在多苗期、多天气和多角度的情况下采集了 93374 张田间苗草信息样本，将优选和数据增强后的 24000 张样本进行标定并进行模型训练。在苗草检测结果的基础上，为了获取到准确的作物位置，对检测结果进行进一步处理以提取作物的茎秆位置。最后，为避免伤苗现象，靶向除草模式采取了更为合理的除草策略。其次，对除草系统的关键部件进行设计。根据玉米苗的生长形态参数，确定圆盘除草刀的半径为 250mm，除草刀的避苗空间大小为 75°，圆盘除草刀上安装三组除草刀，除草刀杆的安装角度为 45°，除草刀的分布角度为 55°。此外，为找到最适合垄作环境的除草末端执行器结构，根据对土壤扰动程度的不同分别设计了刀片型、楔面型和犁面型三种类型的除草刀。楔面型和犁面型除草刀采用刀座和刀片分离的形式，除草刀片选用 1.0mm 厚的 65Mn 弹簧钢，由激光切割加工完成。通过 EDEM 仿真试验，确定除草刀的最佳入土角为 15°，同时评估了三种除草刀的入土作业性能，并以此为依据进行动力与传动系统的参数设计。末端执行器结构设计完成后，对除草系统的控制系统进行搭建。为提高除草刀的控制精度，除草刀的转速控制采用时间和位移相结合的控制方式，以时间控制为主，位移控制进行监督和修正。由于除草刀需要频繁的速度变化，系统采用简化的S型加减速速度控制算法对转速进行优化，并建立了除草刀运动学模型。最终，对除草系统进行试验验证。为了保证除草系统的可靠性和稳定性，依次进行了台架试验、室内土槽试验和室外田间试验。通过台架试验和室内土槽试验对除草系统进行视控系统整体调试和除草预试验以确定最佳作业参数，通过室外田间试验对系统的除草性能进行试验。田间试验主要对苗草检测系统、三种除草末端执行器以及两种作业模式进行除草性能试验。在不同杂草密度下的苗草检测试验中，玉米苗识别准确率达到93.41%以上，杂草识别准确率达到85.90%以上。三种除草刀的试验结果显示：除草刀类型与除草率之间没有明显的关系，但是不同类型除草刀会导致不同程度的土壤扰动，从而影响除草效果，综合考虑，楔面型除草刀最适合垄作环境的除草作业。两种作业模式的对比除草试验结果表明，靶向除草模式的伤苗率更低，但也造成除草率一定程度的降低。

第三章

基于 YOLOv4 模型的卧式 智能株间除草机器人

多数株间除草装置的末端执行器在整个除草过程中一直处于地表以下工作，此除草方式将大大提高末端执行器损伤作物根系的风险，增大了伤苗的可能性，从而影响作物产量[39]。因此，依据东北地区玉米垄作的种植方式以及苗期株间除草的作业要求，并且充分考虑到机械除草过程中末端执行器损伤作物根系风险的问题，设计一种基于玉米根系保护的新型株间除草模式。该除草模式采用土上避苗、土下除草的方式进行株间除草作业，以达到保护玉米根系的目的。

第一节　基于 YOLOv4 模型进行苗草识别

苗草检测系统在智能株间除草单元中起着根本性的指挥作用，具有重要的地位，其核心在于检测模型的性能。苗草检测模型的建立主要分为两部分：一是制作一个特征丰富、数量大的特定数据集；二是选取检测网络并进行训练。

一、苗草图像数据集制作

基于深度学习技术的检测模型要想获得良好的检测性能，需要大量的数据集进行训练。目前开源的农业数据集很少，杂草和玉米苗的数据集更是微乎其微。此外，由于田间环境复杂，所以对不同场景下的目标图像都应考虑其中，因此也就需要大量多场景下的图片来训练模型。本研究是关于玉米田株间除草，因此建立一个包含玉米幼苗及其伴生杂草的田间作业环境数据集是十分有必要的，其中数据集制作流程如图 3-1 所示。

图 3-1　数据集制作流程

在目标图像的采集方面，研究者已经进行了深入的研究，采用基于多苗期、多时段的样本采集方法，很好地降低了不同的光照强度以及不同的苗期等问题对模型训练的影响，并取得了比较理想的研究效果[3]。杂草和玉米苗图像采集地点位于黑龙江省哈尔滨市香坊区的东北农业大学试验田，采集时间为 2020 年 6 月，试验田场景如图 3-2 所示。采集地况为：玉米播种后，不对试验田进行任何除草处理，等待玉米出苗后 3～5 叶期进行图像采集。

为了尽可能接近实际作业环境，通过图像采集平台来获取田间图像，数据采集平台如图 3-3 所示，摄像头安装在移动机器人平台的升降架上。考虑到本研究中田间实际除草时摄像头的拍摄角度，最终设定采集图像时摄像头垂直于地面，高度 1.2m，如图 3-4 得到采集对象的俯视图，满足除草时所需的视角要求。此外，对田间实时变化的光照强度分为：正常（无云遮挡）和非正常（有云遮挡）两类。

图 3-2　图像采集试验田　　　　　　图 3-3　图像采集平台

图 3-4　摄像头采集角度

图像采集设备采用 USB 工业 CCD 摄像头，摄像头的最大分辨率为 1360×1024 像素，帧率为 30 帧/s。摄像头获取的图像数据由车载计算机进行处理和存储。

在图像采集时，由于田间光照强度和自然风等外界因素变化多端，所以为了尽可能获取特征丰富的数据样本，采集工作对天气状况进行选择性实施。在图像采集时，主要通过采用多苗期、多天气的方式对玉米幼苗及其伴生杂草进行数据集样本图片的获取。此外，为了降低光照变化造成的影响，选取当天三个时间段进行采集：上午 8:30—10:30、中午 1:30—3:30、下午 5:00—6:00，共采集图像 1271 张，经过清洗共得到 800 张图像。

二、苗草图像数据集预处理与标记

1. 数据集预处理与增强

本研究对采集到的原始图像进行颜色、亮度、对比度、噪声和模糊五种光度畸变以及翻转、缩放、平移三种几何畸变[40,41] 的数据增强工作[42]。

对图像进行颜色校正。人类的视觉系统有一个特殊的功能，就是在光线亮度变化的情况下，仍然能够确定物体表面的真实颜色，然而数码成像设备不具备这种鲁棒性，在不同的照明条件呈现的图像颜色会与真实颜色之间存在一定偏差。灰度世界算法可以消除光照条件对颜色显现的影响。灰度世界算法[24] 认为图像的 RGB 分量的平均值趋近于相同的灰度值，因此，使用色彩平衡算法可以消除图像中环境光的影响，产生原始图像。通过 MATLAB 编程，利用程序批量处理所有的数据集样本图片，从而快速修正数据样本的颜色。

对图像进行亮度处理。由于图像亮度太高或太低会导致目标边缘不清晰，手动标记时很难绘制边界框。因此为降低光照强度不稳定的影响，确定亮度调节系数为 0.6～1.4[43]。这些值补偿了神经网络由于图像采集时间集中所引起的照明强度不稳定的缺点。

对图像进行对比度增强处理。使用对比度增强算法来改善苗草轮廓与背景色之间的对比度。将原始图像中的每个亮度值映射到新图像中的新值，以使介于 0.3 和 1 之间的值映射为介于 0 和 1 之间的值[23]。

对图像进行噪声处理。向图像中随机添加少量噪声会干扰图像中每个像素的 RGB，此方法可防止神经网络拟合输入图像的所有特征过度拟合。高斯噪声通常表现为孤立的像素或像素块，容易对图像产生强烈的视觉效果，选择在原始图像上添加均值为 0.1 和方差为 0.02 的高斯白噪声[23]。

对图像进行旋转处理，分别进行 90°、180°、270°旋转以及镜像处理，同时进行比例为 0.7、0.8、0.9 和 1.1、1.2、1.3 的缩放处理将数据集进一步扩充，以此来改善神经网络的检测性能。

对图像进行模糊处理。在实际应用场景中图像采集不清楚。因此，使用旋转对称的高斯低通滤波器，其大小为 [5，5]，标准偏差为 5，以生成图像模糊。将模糊图像作为样本，以进一步提高检测模型的鲁棒性。

对选择后的图像进行上述数据增强处理后，处理效果如图 3-5 所示，数据集的样本数量如表 3-1 所示。经过以上处理后，数据集的样本量从最初的 800 张扩充为 8000 张。

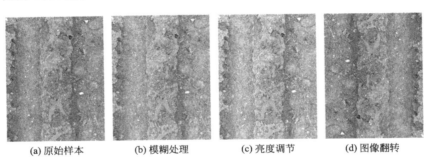

| (a) 原始样本 | (b) 模糊处理 | (c) 亮度调节 | (d) 图像翻转 |

图 3-5　数据集增强处理

表 3-1　数据集增强处理结果

数据增强方法	原始数据	亮度	饱和度	噪声	模糊	翻转	缩放	平移	共计
图像/幅	800	1600	800	1200	1600	800	800	400	8000

2. 数据集标记

使用专业标记软件 LabelImg 手动创建图像标签，制作 PASCAL VOC 数据格式的玉米苗和杂草数据集，数据标注示意如图 3-6 所示。没有标记具有不足或不清楚的像素区域的阳性样品，以防止神经网络过度拟合。在遮挡的情况下，遮挡面积大于 85% 的目标和图像边缘小于 15% 的目标没有被标记。

通过对采集的图像检查发现，该试验田中的杂草主要分为禾本科和阔叶

(a) 原始图片　　　　　(b) 图片标注示例　　　　　(c) xml标签文件

图 3-6　数据标注示意图

科，为了增加模型检测准确率以及运行速度，将检测目标按外形差异程度分为玉米、阔叶杂草和窄叶杂草三类。禾本科和其他科的杂草按照外形与窄叶或阔叶杂草的相似度归到类别。因此在标记时设定的标签主要有三种：玉米苗（maize）、禾本科杂草（weed1）和阔叶科杂草（weed2）。完整的数据集分为三个部分：训练集、验证集和测试集。训练集的作用是训练模型，计算梯度，更新权值。验证集是用来避免过拟合，同时它也用来确定一些超参数（纪元的大小、学习率）。测试集用来测试模型的性能。在本研究中，训练集、验证集和测试集的组成比例分别为 35％、35％和 30％。

三、苗草识别模型建立

由于 YOLO 检测模型的高效预测方式，使其成为目前最受欢迎的检测模型之一，虽然它不是最精确的目标检测算法，但在实时检测时对检测速度和检测精确度要求都很高时，YOLO 检测模型仍然是目前最佳的选择。因此，本研究的视觉检测系统直接采用了较新的 YOLOv4 网络检测模型来建立苗草检测系统。

1. 硬件介绍

本章使用 Pytorch 框架搭建网络，在工作站上进行训练。工作站配置为：显卡是 GeForce RTX 2080Ti NVIDIA（11 GB 内存），CPU 为 Intel Xeon E5-2678 V3（12 核和 24 线程，2.50GHz，30MB，22nm），RAM 是 32GB，操作系统为 Ubuntu16.04 LTS，安装了 CUDA 和 cuDNN 库，Python 版本为 3.6，Pytorch 版本为 1.3。

2. YOLOv4 网络

YOLOv4 网络[44] 之前有三个版本，分别是 YOLO[45]、YOLOv2[28] 和 YOLOv3[26] 网络，其均属于一阶段检测网络。YOLOv4 网络采用多尺度检测算法，能够更有效地检测图像中的大目标和小目标。三个尺度中每次对应的感受野不同：32 倍降采样的感受野最大，适合检测大的目标；16 倍适合一般大小的物体；8 倍的感受野最小，适合检测小目标。

YOLOv4 网络结构比 YOLOv3 更复杂，在特征提取方面，由之前的主干特征提取网络 Darknet53 更新为 CSPDarknet53[46]，此外在特征金字塔结构部分，采用空间金字塔池化结构（spatial pyramid pooling，SPP）和路径聚合网络（path aggregation network，PAN）。SPP 能够显著地改善感受域尺寸，将最重要的上下位特征提取出来，网络处理速度没有明显下降；PAN 网络结构中加入了自底向上的路径增强，可避免信息丢失问题，经过特征图拼接后获得的信息既有底层特征也有语义特征。

在玉米苗 3～5 叶期，图像中的杂草和玉米苗在尺寸上相差较大，故将输出张量 26×26 尺度去除，改为输出 13×13 和 52×52 两种不同尺度的预测张量，其目的是提高整体模型的速度，使其能够更好地检测到玉米苗（大目标）和杂草（小目标），基于 YOLOv4 的杂草和玉米苗检测流程[47] 如图 3-7 所示。

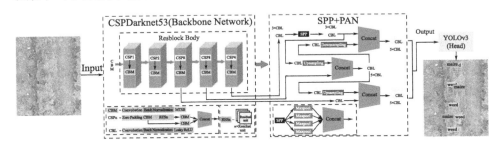

图 3-7　YOLOv4 网络苗草识别过程

3. 模型参数设置与训练

用 8000 幅训练集图像进行训练，用其余图像进行验证和测试。由于杂草目标尺寸较小，为了提升检测精度，所以选择输入尺寸为 416×416 像素。然后将图像分成 13×13 像素的网格单元，以便于向网络输入进行训练。训练时，以 32 幅图像作为一个批次，每训练一批图像，更新一次权值参数。根据之前的预试验结果，权值的衰减速率设为 0.0005，动量因子设为 0.9，最大训练次数设为 20000，初始学习率设为 0.0005。在迭代次数为 15000 和 18000 时，学习率降低为初值的 10% 和 1%，使模型在训练后期振荡减小，从而更加接近最优解。

　　训练过程中每代完成后，在验证集上对模型进行评估，计算 F_1 值、mAP、精确率 P 和召回率 R 这 4 个指标，将这些数据保存至日志文件中，并使用 Tensorboard 软件对训练过程进行实时的监控。对于二分类问题，可以根据样本的真实类别和模型预测类别的组合将样本划分为 4 种类型：预测为正的正样本（true positive，TP），数量为 T_P；预测为负的正样本（false positive，FP），数量为 F_P；预测为正的负样本（ture negative，TN），数量为 T_N；预测为负的负样本（false negative，FN），数量为 F_N[48]。

　　精确率 P 表示预测为正的所有样本中真正为正样本所占的比例，计算公式为：

$$P = \frac{T_P}{T_P + F_P} \times 100\% \tag{3-1}$$

　　召回率 R 表示真正为正样本中被预测为正样本所占的比例，计算公式为：

$$R = \frac{T_P}{T_P + F_N} \times 100\% \tag{3-2}$$

　　F_1 值可以综合考虑精确率和召回率，是基于精确率和召回率的调和平均，定义为：

$$\begin{cases} F_1 = \dfrac{2PR}{P+R} \\ \mathrm{mAP} = \dfrac{\sum_{c=1}^{C} \mathrm{AP}(c)}{C} \end{cases} \tag{3-3}$$

　　在目标检测中每个类别都可以根据精确率 P 和召回率 R 绘制 P-R 曲线，AP 值就是 P-R 曲线与坐标轴之间的面积，而 mAP 就是所有类别 AP 值的平均值。为了对模型的性能进行恰当的排序，需要明确性能参数的优先级。在检测系统中，试验采用的性能参数优先级由大到小依次为 mAP、F_1、P、R。

4. 数据训练与分析

　　模型训练完成后，从训练过程中保存的日志文件中读取每一次迭代后的损失值并绘制成如图 3-8 所示曲线。由图 3-8 可以看出，前 1000 次迭代的损失值急剧减小，直到 4000 次迭代后趋于稳定，后面训练过程中损失值波动平缓，在小范围内振荡。

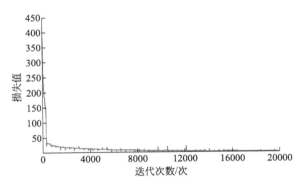

图 3-8　损失值随迭代次数的变化曲线

用日志文件中记录的数据绘制训练过程中精确率、召回率、F_1 值和 mAP 变化曲线，如图 3-9 所示。在前 25 代的训练过程中，各项指标变化幅度较大，但是总体趋势是增长的；在后 15 代的训练过程中，各项指标逐渐趋于稳定，在小范围内振荡。

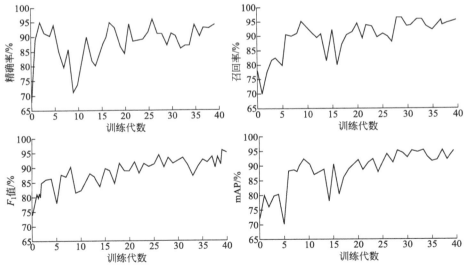

图 3-9　训练过程中各项指标变化曲线

从图 3-9 中可以看出，精确率在第 25 代中产生最大值，为 96.07%；召回率在第 28 代中产生最大值，为 96.59%；mAP 在第 30 代中产生最大值，为 95.17%；F_1 值在第 39 代中产生最大值，为 96.27%。

　　本书主要考虑 F_1 值和 mAP 这 2 个指标对训练结果进行评估，最终选取第 40 代保存的模型权重文件作为最终的训练结果，具有较高的 F_1 值和 mAP，同时具有较高的精确率与召回率。

第二节　除草机器人系统架构

一、机器人整体结构组成

　　本章机器人的整体结构是使用第二章中的机器人平台的基础上，通过对智能除草单元进行设计，设计了一款卧式智能除草机器人。

　　智能株间除草单元采用半悬挂的挂载方式搭载于机器人移动平台的升降调节架上，拆卸简单、搭配方便。除草单元集成了苗草检测系统和控制系统所需部件，有助于提高整个除草单元的可靠性、稳定性和可移植性。智能株间除草单元执行除草任务时，需要苗草检测视觉系统、控制系统以及机械除草装置执行机构协同工作，如图 3-10 所示。苗草检测系统的工作包括图像获取、图像处理和信息输出，将提取到的有效信息加以判断并传给控制系统。控制系统自我校正后对收到的信息进行编译并最终控制机械除草装置的伺服电机和步进电机转动，以此间接驱动末端执行器除草铲实现空间立体开合运动。

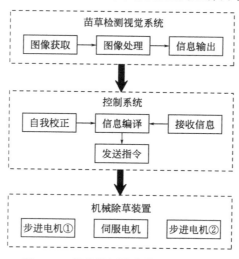

图 3-10　智能株间除草单元工作简图

智能株间除草装置虚拟样机如图 3-11 所示，该装置的设计可以使除草铲实现空间立体开合运动，起到保护玉米根系的目的。智能株间除草装置主要包括机架、仿形机构、曲柄摇杆机构、直线滑台模组和除草铲，其中除草铲的空间立体轨迹是依靠曲柄摇杆机构和直线滑台模组来实现的。

除草铲的空间立体开合运动包括其水平方向运动和竖直方向运动。除草铲的竖直方向运动主要由丝杆步进电机、光轴与滑块组成的直线滑台模组完成；水平方向上的左右开合运动由伺服电机连接减速器，通过直角齿轮箱将绕 x 轴的旋转运动转换成绕 z 轴的旋转运动，再通过曲柄摇杆机构实现左右摆臂（摇杆）开合。摆臂上挂载直线滑台模组，当曲柄摇杆机构和直线滑台模组一起工作时，除草铲可以完成空间立体开合运动，实现在地表下除草，在地表上避苗的效果，称作土上避苗除草模式；当除草铲由直线滑台模组一直被置于最底端且水平放置时，则除草铲除草过程中始终处于地表以下，仅能完成一个平面内的左右开合运动，实现地表下除草、地表下避苗的效果，称作土下避苗除草模式。

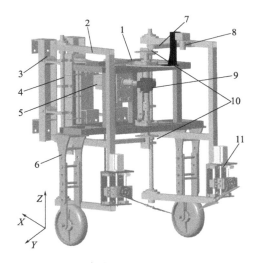

图 3-11　智能株间除草装置机构图

1—机架；2—摆臂；3—仿形机构；4—大光轴；5—伺服电机；6—仿形轮模组；7—连杆；
8—摄像头；9—直角齿轮箱；10—曲柄圆盘；11—直线滑台模组

二、机器人作业模式建立

智能株间除草单元的除草模式根据现有的除草类型可划为摆动式除草模式，即通过一对除草铲的间歇性开合来实现除草和避苗任务。本研究中的除草装置运行模式与现有摆动式除草装置的不同之处在于，除草铲在实现水平方向开合运动的基础上，增加了竖直方向的升降运动，最终得到空间立体开合运动，除草模式如图 3-12 所示。此外，此除草方式为选择性除草，即发现株间有可除杂草时，除草铲才会下降且闭合进行除草任务，否则一直在地表以上处于张开状态。

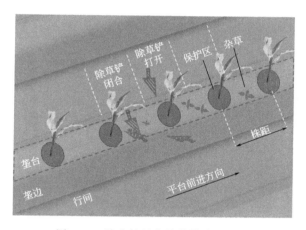

图 3-12　除草铲避苗除草模式示意图

　　智能株间除草单元除草模式的具体运作过程是：苗草检测系统检测到株间杂草满足除草条件时，两侧除草铲同步下降闭合入垄，通过除草铲的铲刃划断杂草达到除草目的；除草铲闭合状态持续到下一株玉米苗前，然后张开与上升恢复到初始位置，完成避苗并等待下一次除草指令。为了对比本研究提出的新型株间避苗除草模式的效果，设计了土上避苗除草模式和土下避苗模式。

　　上述新型株间除草模式，即土上避苗除草模式下，除草铲不但需要在水平方向上运动而且在竖直方向上也能运动。通过以上两种方向运动的复合，最终实现除草铲的空间立体开合运动，将会大大降低除草铲损伤玉米根系的风险。

　　如图 3-13 所示，前人研究的摆动式除草铲运动轨迹如黄色线所示，其中黄实线表示除草铲处于闭合状态（除草状态），黄虚线为非完全闭合状态或者是打开状态（避苗状态）。从图中可以看出，首先除草铲工作过程中无论除草还是避苗动作，始终被置于地表以下；其次如图中红色方块区域是玉米根系受损的高风险区域，同时也是除草铲向闭合和打开状态过渡时的位置，所以对玉米苗根系有很大的危险性。本研究提出的新型避苗除草模式中的除草铲运动轨迹如蓝色线所示，其中蓝实线为除草铲闭合状态（除草状态），蓝虚线为非完全闭合状态或者是打开状态（避苗状态），可以看出除草铲在向闭合与打开状态过渡时的运动轨迹是一条斜向上或者斜向下的线，大致符合玉米根系的生长方向，这很大程度上减少了损伤玉米苗根系的风险。此外，当除草铲的运动轨迹如图为空间立体时，从空间上分析，玉米苗的保护区不再是一个圆柱形状，而是一个类圆台的形状，作物的保护区变小，相较而言，则株间可除草区域变大，除草能力增强。

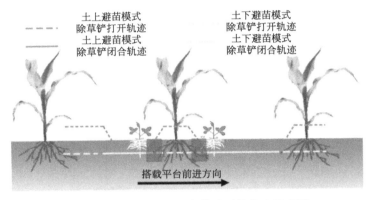

图 3-13　除草铲不同运行模式下的轨迹示意图

第三节　除草机器人机械系统设计与优化

一、田间作业环境测定

不同的地方，作物的生长环境以及种植方式存在差异，比如土壤含水率、土壤坚实度以及平作或者垄作种植等。因此，设计一款适合本地的除草机，前期田间作业环境测定是十分有必要的。其中，田间作业环境参数包括实际地面参数和早期玉米苗形态参数。玉米田中的杂草越小，与玉米生长的竞争力越低，所以本研究选取玉米处于 3～5 叶期进行除草作业。田间作业环境测定地点选取东北农业大学校内试验田。测量时，玉米苗处于 4 叶期左右，如图 3-14 所示，在试验田中分别测量了垄距、株距、株高、垄台高度、垄台顶部宽度和底部宽度以及土壤含水率和坚实度，其中坚实度使用 SL-TYA 型硬度计。

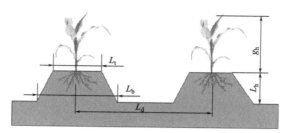

图 3-14 田间作业环境参数测量示意图

注：L_d 为玉米苗的行距；L_t 为垄台的宽度；L_b 为垄底的宽度；L_h 为垄台的高度；g_h 为玉米苗的生长高度。

通过实地测量，测得试验田的平均种植行距为 600mm，平均垄高约为 16mm，垄台的顶部平均宽度约为 180mm，垄台的底部平均宽度约为 360mm，测定垄上土壤坚实度 2.17×10^4 Pa，垄沟土壤坚实度 5.38×10^4 Pa，土壤平均含水率 28.8%，玉米苗平均高 180mm，株距平均 260mm，垄表杂草适中并呈无规律分布状态，草高小于 46mm。

玉米苗地表以上的形态参数影响除草机机架设计高度，地表以下的根系分布参数对保护玉米根系至关重要，因此，除了对田间地表以上的各类参数进行测定，还测量了地表以下的玉米根系，如图 3-15 所示。对玉米苗周边土壤小心铲挖，用橡胶吹球和毛刷将周边土壤刷去，尽量保证玉米苗根系的完整性。

图 3-15 玉米苗根系形态参数测量

对地表下的根系进行大致测量，测得地表下 10mm，根系辐射直径平均约为 40mm；地表下 20mm，根系辐射直径平均约为 60mm；地表下 30mm，根系辐射直径平均约为 90mm。上述根系数据的测得，将更好地指导后期除草铲设计和关键结构参数的设计。

二、框架结构搭建

1. 机架结构设计方案

机架结构是整个株间机械除草装置的主体构架，株间除草机构、传动机构、地轮机构以及四杆仿形机构都需要和机架结构相连。本除草机结构复杂，传动方式多样，所以将机架结构设计为立体式，由前横梁、后横梁和两侧悬臂梁以及中间梁组成，是株间除草装置的核心支撑结构，其结构示意图如图 3-16 所示。

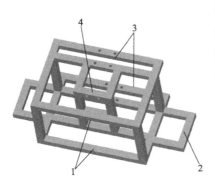

图 3-16　机架结构
1—后横梁；2—两侧悬臂梁；
3—前横梁；4—中间梁

本除草装置仅是除草单体机构，并没有多组安装，因此对于除草单体，立体式机架结构为一体式焊接而成。机架结构后横梁主要是通过四杆仿形结构和机器人移动平台挂接，两侧悬臂梁和地轮相连，用以支撑机架结构以保证整个除草机在玉米秧苗上方通过。前横梁一方面用以固定传动结构，另一方面通过螺栓连接与摄像头支架相连。中间梁主要是用来固定伺服电机，保证动力源在机架中心位置。另外用于除草的摆臂安装在机架结构的相应位置。

2. 机架结构有限元分析

机架是整个智能株间除草装置的核心，因此在对整个除草装置虚拟样机设计完毕后，需要验证机架的强度和刚度，以保证满足正常的除草需求。目前，主流的验证方法是利用计算机辅助技术，对部件进行有限元分析，以此来观察之前的建模参数是否科学，有力地保证除草装置的设计合理性和科学性。

智能株间机械除草装置的机架结构复杂，采用 ANSYS Workbench 软件对其进行基本静力学分析，来查验其结构的强度、刚度是否满足工作要求。有限元分析的步骤主要包括前处理、求解计算和后处理。前处理过程需要进行创建模型或者由外部三维软件建模后导入、定义模型的材料属性和划分网格等前期工作；求解计算环节主要是确定分析类型、施加载荷和施加约束等；后处理过程设定求解（结果）参数，观察求解结果。

将机架结构的模型另存为 X_T 格式，导入 ANSYS Workbench 软件后，设置机架结构材料为 Q235，其材料属性如表 3-2 所示；网格划分尺寸设定为5mm，对零件关键部位加密网格，选用固结接触类型，接触方式为非对称。

表 3-2　机架材料属性表

抗拉强度/MPa	屈服极限/MPa	泊松比	弹性模量/MPa	密度/(kg/m³)
375~406	235	0.3	2.06×10^5	7860

在非工作状态下将机架结构所需承担的机构质量转换成力载荷并施加到相对应的位置，对模型进行有限元静力学分析。分析求解结果，位移形变最大量出现在机架上悬臂梁的中间，最大位移形变为 2.668mm，对于整个模型来说，机架受载均匀对称，应力值分布左右对称，最大应力值为 2.19MPa，与实际受载分布相符。机架采用的材料为 Q235，其许用应力 $[\sigma]=235$MPa，由此得到安全系数为：

$$n = \frac{[\sigma]}{\sigma} = \frac{235}{2.19} = 107.31 > 2 \qquad (3-4)$$

对于该材料，一般选安全系数为 2，可以看出该机架的设计足以支撑除草装置其他部件的载荷，选材合理、安全。

三、仿形机构设计与优化

株间除草装置仿形单体采用的是平行四杆仿形机构，根据平行四边形运动的特点，机构后方的除草装置能够随地表起伏状况而随之上下仿形移动，能够使得除草铲的入土深度基本保持不变，保证装置具有稳定的仿形性能。如图 3-17 所示，若需要相同的仿形量，平行四杆机构的上下连架杆越长，则仿形角的变化范围越小；上下连架杆越短，则仿形角的变化范围越大。通常为了使仿形单体部件能够稳定工作，仿形角的变化范围越小越好。因此，上下连架杆长一些更有利于稳定工作，但是较长的连架杆会使得结构不紧凑，使仿形单体重心后移，对除草仿形单体的纵向稳定性不利[49]。根据田间作业地形特征，一般情况下上仿形量的取值范围为 80～120mm，下仿形量的取值范围为 80～120mm[50]。

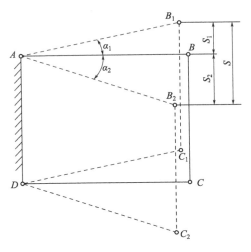

图 3-17　四杆仿形机构参数

根据株间机械除草装置的工作特点，选取株间除草单元中的平行四杆仿形机构上仿形角 $\alpha_1 = 20°$，下仿形角 $\alpha_2 = 20°$；上仿形量 $S_1 = 80$mm，下仿形量 $S_2 = 80$mm，两连杆架之间的铰接距离 $L_{AD} = 200$mm，如图 3-17 所示。

$$\begin{cases} S_1 = L_{AB}\sin\alpha_1 \\ S_2 = L_{AB}\sin\alpha_2 \\ S = S_1 + S_2 \end{cases} \tag{3-5}$$

式中，L_{AB} 为连架杆长，mm；S 为仿形总量，mm。

$$L_{AB} = \frac{1}{2}\left(\frac{S_1}{\sin\alpha_1} + \frac{S_2}{\sin\alpha_2}\right) \tag{3-6}$$

经计算选取连架杆长度 $L_{AB} = 235$mm。

四、传动系统设计与优化

除草装置的传动机构是靠电驱动，主要包括独立的两部分，其中一部分是控制除草铲水平方向上的开合运动，通过两组曲柄摇杆分别控制两个除草铲；另一部分是控制除草铲竖直方向上的升降运动，通过两套直线滑台模组分别控制两个除草铲。通过联通以上两个方向的运动使除草铲最终做空间立体开合运动。

1. 除草铲水平运动设计

（1）硬件选型 智能株间除草装置中控制除草铲水平运动的动力源是直流低压伺服电机，其主要参数见表 3-3。根据电动机选取 MCDC706 驱动器，适用于驱动小功率直流伺服电动机，具有位置控制模式、速度控制模式和电流（转矩）控制模式，支持 RS232 通信，具有温度、过流、过压、欠压保护等功能，可靠性高，其他参数见表 3-4。减速器为行星减速器，减速比为 16∶1。直角齿轮箱为一根输入轴，两根输出轴，减速比为 2∶1。

表 3-3 伺服电机主要参数

项目名称	参数	项目名称	参数
伺服电机品牌	杰美康	型号	60ASM200
额定功率	200 W	额定电源电压	DC36V
额定扭矩	0.637N·m	最大扭矩	1.91N·m
额定电流	5.8A	最大电流	7.6A
额定转速	5000r/min	轴连接方式	带键槽

表 3-4 驱动器主要参数

项目名称	参数	项目名称	参数
驱动器型号	MCDC706	输入电压	DC20～70V
输出功率	200W	过压电压	85V
过载输出电流	18A（3 秒）	欠压电压	15V
最大脉冲输入频率	300kHz	默认通信频率	9.6kb/s
工作温度	0～+50℃	储存温度	−20～+80℃

（2）除草铲水平运动轨迹分析 除草过程中，除草铲的水平开合运动由闭合、除草、回位三部分组成，除草铲闭合、回位运动过程为机器前进过程和摆臂顺时针转动过程的合成，除草铲除草过程为匀速直线运动。选除草铲尖点 W 为研究对象，以摆臂转动中心为坐标原点，机器前进方向为 x 轴正方向，建立除草铲水平面运动数学模型如图 3-18 所示，则除草铲除草动作的 3 个运动过程中，铲尖 W 点向 xy 平面投影的轨迹方程为：

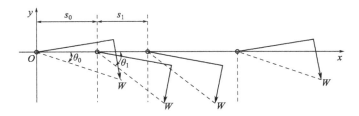

图 3-18 除草铲运动在 xy 平面投影分析

除草铲闭合过程：

$$\begin{cases} x = v_0 t + \rho\cos(\theta_0 + \omega_1 t) \\ y = -\rho\sin(\theta_0 + \omega_1 t) \end{cases} \tag{3-7}$$

除草铲除草过程：

$$\begin{cases} x = v_0 t + s_0 + \rho\cos\theta_1 \\ y = -\rho\sin\theta_1 \end{cases} \tag{3-8}$$

除草铲回位过程：

$$\begin{cases} x = s_1 + s_0 - \rho\cos\theta_1 + v_0 t + \rho\cos(\theta_1 - \omega_1 t) \\ y = -\rho\sin(\theta_1 - \omega_1 t) \end{cases} \tag{3-9}$$

式中，ρ 为 W 点的极径，m；θ_0 为初始位置时 W 点和坐标原点连线与 x 轴方向的夹角，rad；θ_1 为除草铲完全闭合时 W 点极径与 x 轴方向的夹角，rad；ω_1 为摆臂（除草铲）的旋转角速度，rad/s；s_0 为从初始位置到完全闭合过程中，除草铲转动中心的位移，m；s_1 为除草铲株间除草过程中，其转动中心的位移，m；t 为机器人平台前进的时间，s。

由式（3-7）～式（3-9）可知，除草铲在除草过程中，铲尖点 W 在水平方向上的运动轨迹由机器人移动平台的前进速度、摆臂的旋转角速度和除草铲的外形所决定。当给定除草铲外形尺寸后，改变机器人移动平台的前进速度和摆臂的旋转角速度可以改变除草铲的运动轨迹，以此改变株间可除草覆盖范围。同样地，改变作物保护区范围也可以改变株间可除草覆盖范围。在相同的前进速度下，通过苗草检测系统改变作物保护区范围以此代替通过改变摆臂旋转角速度来改变株间可除草范围。

对上述公式分别对时间求导，可得除草铲的三个运动阶段铲尖 W 点的绝对速度：

$$\begin{cases} v_{a1} = \sqrt{v_0^2 + \rho^2 \omega_1^2 - 2\rho\omega_1 v_0 \cos(\theta_0 + \omega_1 t)} \\ v_{a2} = v_0 \\ v_{a3} = \sqrt{v_0^2 + \rho^2 \omega_1^2 - 2\rho\omega_1 v_0 \cos(\theta_1 - \omega_1 t)} \end{cases} \qquad (3\text{-}10)$$

式中，v_{a1} 为除草铲闭合过程中，刀尖 W 点的绝对速度；v_{a2} 为除草过程中，刀尖 W 点的绝对速度；v_{a3} 为除草铲回位过程中，刀尖 W 点的绝对速度。

由式（3-10）可知，除草铲铲尖 W 点的绝对速度与除草铲的形状及运动参数均有关[51]，根据文献除草铲的绝对速度对除草率和伤苗率的影响较大，随着速度的增大，除草铲对表土的冲击力变大，除草效果变好，但伤苗率增加，一般其绝对速度不应大于 4m/s[52]。智能除草装置的前进速度取 $0.2 \sim 0.6\text{m/s}$，ρ 为 0.55m，θ_0 为 $\pi/12$，θ_1 为 $\pi/6$，将上述参数代入式（3-10），根据伺服电机的转速范围求得曲柄转速，如式（3-11）：

$$n = \frac{R}{60 r_1 r_2} \qquad (3\text{-}11)$$

式中，n 为曲柄转速，r/s；R 为伺服电机转速，r/min；r_1 为行星齿轮减速器减速比；r_2 为直角齿轮箱减速比。

由上述公式可得曲柄的旋转周期时长范围在 $0.38 \sim 1.92\text{s}$，满足除草装置不同前进速度下的除草要求。

2. 除草铲竖直运动设计

智能株间除草装置中主要由丝杆步进电机、光轴与滑块组成的直线滑台模组来控制除草铲的竖直方向运动，如图 3-19 所示，其中丝杆步进电机选用 57BYGH 混合式步进电机，其主要参数见表 3-5。智能株间除草装置在除草工作前，对除草铲纵向位置进行初始化。初始化过程中，首先驱动丝杆步进电机来提升除草铲，当除草铲支架上升碰到行程限位开关时，则下降一定距离并停止，则初始化完成。

丝杆步进电机用来控制除草铲的升降运动，其中当除草铲上升时，承受包括滑块、除草铲支架、除草铲柄、除草铲以及脱离土壤在内的整个系统的重量；当除草铲下降时，需要承受除草铲入土时土壤对其的阻力。因此，对于丝杆步进电机的推拉力，需要进行验证是否满足入土除草要求。

$$F_a = \frac{2\pi\eta_1 T}{l} \qquad (3\text{-}12)$$

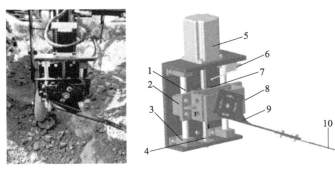

图 3-19 除草铲竖直运动方向直线滑台模组

1—光轴；2—滑块；3—光轴支撑座；4—丝杆；5—步进电机；6—行程限位开关；7—法兰螺母；
8—除草铲支架；9—除草铲柄；10—除草铲

表 3-5 丝杆步进电机主要参数

项目名称	参数	项目名称	参数
名称	57BYGH 混合式步进电机	型号	57BYGH748 丝杆
步距角	1.8°	尺寸	57mm×57mm×76mm
静力矩	1.6N·m	丝杆直径	T10mm
相电压	3.3V	相电流	3A
相电感	4.6mH	引线数	4
丝杆导程	20mm	重量	1.1kg

式中，F_a 为产生的推力，N；T 为转动扭矩，N·mm；l 为进给螺杆的行程，mm；η_1 为进给螺杆的正效率。

求得该直线滑台模组的推力为 144N，满足对除草铲的上升和下降入土要求。

对于丝杆步进电机的选择除了验证其负载能力，还需要验证该直线滑台模组的升降速度。该滑台模组的运行速度主要取决于步进电机的转速。

$$V_s = \frac{l \times V_d \times 2}{60 \times 1000} \tag{3-13}$$

式中，V_s 为除草铲竖直方向运动速度，m/s；V_d 为电机转速，r/min。

电机的转速在 300～600r/min，从而得出除草铲的升降速度为 0.05～0.2m/s，除草周期在 0.38～1s 满足除草的速度要求。

3. 除草铲轨迹运动学仿真

为了能够更直观地观察除草铲的运动轨迹，采用 ADAMS 软件对智能株间除草装置模型进行运动学仿真，通过该仿真软件，可以得到单个监测点任意时刻的速度和加速度以及两个监测点之间的位移变量[53,54]。其主要约束如表3-6 所示。由前期设定可知，除草装置的前进速度为 0.2～0.6m/s，伺服电机转速为 2000～5000r/min，步进电机转速为 600～1000r/min，因此设定除草装置的前进速度为 0.3m/s，曲柄转速为 720(°)/s，除草铲升降速度采用余弦函数速度模型：$-180\cos(2\text{PI}\times\text{time}-80)$，同时设置仿真的时间和步长，完成设置的模型如图 3-20 所示。

表 3-6　约束清单

约束	运动副	零部件 1	零部件 2
大地 _ 机架	移动副	大地	机架
曲柄 _ 连杆	转动副	曲柄轴	连杆
连杆 _ 摆臂	转动副	连杆	摆臂
曲柄轴 _ 机架	转动副	曲柄轴	机架
摆臂 _ 光轴	转动副	摆臂	光轴
除草铲 _ 摆臂	移动副	除草铲	摆臂

在 ADAMS 中生成除草刀作业轨迹，如图 3-21 所示。

应用 ADAMS 后处理模块，可以得到监测点的位移、速度以及加速度变化曲线，从曲线中可以得知除草铲的运动周期为 1s。如图 3-22（a）所示，左、右除草铲铲尖的轨迹在 x 轴方向上的位移方向对称，且在任意时刻的位移绝对值相等，可以验证两套曲柄摇杆机构在运动过程中不存在急回特性，能够达到预期的除草动作。

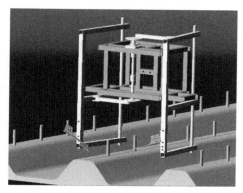

图 3-20　ADAMS 运动分析模型

回特性，能够达到预期的除草动作。通过图 3-22（b）可以得知，两个除草铲在竖直方向上的位移量保持一致，升降距离约为 55mm，基本满足除草要求，后期根据实际情况对竖直位移量进行调节。从图 3-22（c）、（d）中可以看出除草铲水平开合速度大致为 0.45m/s，变化趋势呈 S 形曲线，且两只除草铲速度方向对称，通过分析除草铲的加速度变化规律可知，除草铲在除草和避苗过程中运行稳定，并没有受到较大的冲击力。

图 3-21　智能株间除草装置运动轨迹

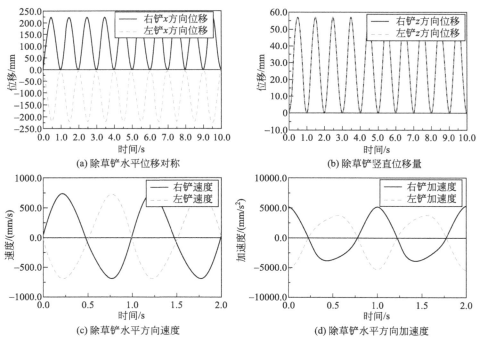

图 3-22　除草铲铲尖位移、速度和加速度变化曲线

100

五、末端执行器研制

1. 末端执行器设计

在除草铲的土下避苗除草模式下，由于只进行平面开合运动，故除草铲始终水平放置于地表下 20mm 深度位置。在土上避苗除草模式下，除草铲倾斜向下放置，如图 3-23 所示，倾斜角度由除草铲的水平和竖直方向运动速度的复合速度确定，倾斜角度由以下公式得出：

$$v_x = \omega \times L_b \tag{3-14}$$

$$\alpha = \arctan\left(\frac{v_y}{v_x}\right) \tag{3-15}$$

式中，v_y 为除草铲竖直方向升降平均速度，m/s；v_x 为除草铲水平方向平均速度，m/s；ω 为摆臂转动的平均角速度，rad/s；α 为除草铲倾斜放置角度，rad；L_b 为垄台宽度。

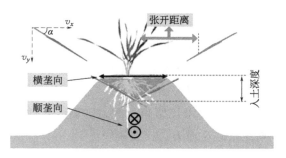

图 3-23　除草铲工作示意图

如上分析表明，除草铲入土角受其自身水平和竖直方向运动速度的影响。根据式（3-14）、式（3-15）计算可得，除草铲的入土角大于 36°，所以除草铲的实际除草范围为倒锥形，如图 3-23 红色区域所示。当左右一对除草铲为全等等腰三角形时，闭合除草对正中间杂草清除能力减弱，因此除草铲采用直角三角形设计，如图 3-24 所示。除草铲完全闭合后，有交叉区域，如图 3-23 绿色虚线所示，对中间杂草有更强的清除能力。如图 3-24 所示，除草铲的主要参数包括：幅宽、幅

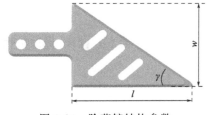

图 3-24　除草铲结构参数

长（l）、张角、材料厚度等。除草铲幅长过大会增加能耗，幅长过小会降低株间除草覆盖率，从而降低除草率，根据文献［55］，一般取 $L_t/2 \leqslant l \leqslant L_t$，$L_t$ 为垄台宽度，我国北方垄作玉米种植方式的垄台宽度一般为 180mm 左右，因此综合考虑取 $l = 60$mm，$L_t = 108$mm，幅宽为 70mm，张角为 35°。由于除草铲在作业过程中需要长期与土壤接触摩擦，因此在材料上选择耐磨性较好的 45 钢并经表面热处理增强其硬度，厚度为 2.5mm，入土深度约 20mm。除草铲上有三个矩形孔，旨在通过减少土壤与除草铲之间的接触面积来减少它们之间的阻力。

2. 末端执行器有限元分析

除草铲是智能株间除草装置的具体执行除草部件，为了了解其在除草过程中的应力和变形是否满足除草要求，使用 ANSYS Workbench 软件对其进行基础的静力学分析[56,57]。从除草铲的有限元静力学分析结果可知，除草铲的最大变形处在其铲尖处，整个除草铲的变形分布由铲尖到铲柄逐渐递减，距离铲柄越远的地方变形越大，铲柄附近的变形最小，几乎为零。从除草铲的应力云图中可以看出，最大应力发生在铲柄与除草铲的拐角处，在与前进方向相对的一侧。除草铲整个应力不大，红色区域较小。由于忽略了除草铲的铲刃受到土壤的切削阻力，所以在铲尖附近未见应力集中区。因此，根据以上静力学分析的结果，为防止作业过程中除草铲出现应力、应变集中等问题，需要对除草柄与除草铲的连接处进行加固并添加圆角处理，如图 3-25 所示，同时适当增加除草刀的厚度，以期尽量减小应力、应变集中。

图 3-25　除草铲模型

第四节　除草控制策略制定与系统搭建

对苗草检测模型的检测结果信息进行处理和提取，可以更好地指导控制系统对电机的操控。由于株间杂草位置多样，除草控制策略需要进行详细的设计以满足最初的选择性除草方式以及土上避苗除草模式。此外，考虑到非连续性除草导致电机高频启停，还需要对程序进行算法优化。

一、株间草苗信息获取

　　苗草检测视觉系统为后期的控制系统提供信息，担任着重要的角色，在有选择性除草方式下最终决定着除草装置是否进行除草动作。苗草检测系统不但需要识别出目标，而且还要确定目标在图像中的位置，并且能够从中提取出重要的苗草信息来利用。此外，因为整个除草过程是有选择性除草，而不是全覆盖式对每个株间都进行除草动作，所以在实际工作时，不但需要检测玉米秧苗而且还需要检测杂草。

　　如图 3-26 所示，当苗草检测视觉系统检测到玉米苗时，使用绿色方框进行标记；检测到杂草时，使用黄色方框进行标记。首先通过玉米苗的绿色边框计算出其中心点坐标，相邻两棵玉米苗的像素距离经过计算记作 L_3。检测到杂草时，计算杂草的上边界与下一棵玉米苗保护区中心的像素距离，设为 L_1，计算杂草下边界与上一棵玉米苗保护区中心像素距离，设为 L_2。苗草检测系统提取以上信息后，会检验距离 L_1、L_2 和 L_3 是否满足杂草的除草标准，如果满足则向控制系统发送除草指令以及距离 L_3 信息，其中 L_3 的数值决定除草铲完成一次除草任务过程中闭合状态的持续时间，视觉系统检测流程如图 3-27 所示。

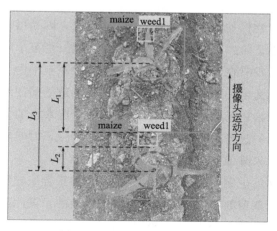

图 3-26　视觉系统检测示意图

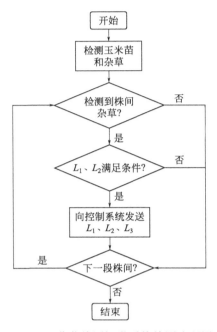

图 3-27　苗草检测视觉系统检测流程图

二、除草控制策略制定

杂草相对玉米苗的生长位置多种多样，所以控制策略也各有差别。杂草的位置主要有以下几种情况。第一种情况：杂草贴着玉米苗生长或者距离玉米苗很近，在划定的作物保护区以内，不进行杂草清除，因为很容易伤到玉米苗或者伤到玉米苗根系。第二种情况：杂草生长在两棵玉米苗中间，且距离两侧的玉米苗都比较远，没有在保护区内，这种杂草在除草范围内，也是本除草机的主要作业对象。因为播种技术的限制，紧邻的玉米苗之间的距离可能会有些偏差，而且后期苗草检测系统定位的偏差也会给整个除草机的控制带来很大的困难。因此，对除草铲进行实时控制，使得除草铲的除草时间能够根据不同的株距进行调整，以此来降低伤苗伤根风险。

在机器前进速度恒定的情况下，首先除草铲的开合速度是固定的，即除草铲闭合除草与打开避苗的过程所花费的时间是固定的，以此来保证每株玉米的保护区是相同的。如图 3-28 所示，控制系统接收到来自苗草检测系统的数据 L_3 并编译为除草铲闭合状态持续的时长，即株间距离决定除草时间，由此每进行一次除草事件，其包括除草铲闭合过程时间、闭合后的除草持续时间和打开过程时间。当杂草在保护区外、株距满足除草要求时，能够使得除草铲完成闭合和打开过程。当机器前进速度不变，保护区直径变化时，则改变除草铲开合响应时长，除草过程时间由 L_3 决定；当保护区直径不变，速度变化时，则改变除草铲的开合速度，除草过程时间由 L_3 和速度变化比例决定。

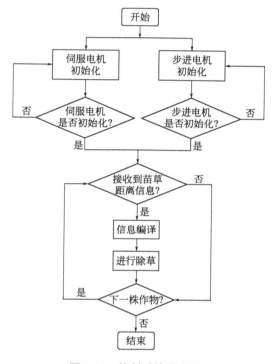

图 3-28　控制系统流程图

在完成以上策略的同时，还应该保证除草铲水平运动和竖直运动的完全同步性，控制系统应保证摆臂单向摆动时间等于除草铲竖直方向单程运动时间，即除草铲一个开合周期等于一个升降周期；其次保证机器人移动平台经过相邻两株玉米苗的时间不少于除草铲一个除草周期，应满足以下公式：

$$t \geqslant \frac{2\varphi}{\omega} = \frac{2L_s}{v_y} \tag{3-16}$$

式中，φ 为摆臂的幅度角度，rad；L_s 为丝杆步进电机的单程距离，m。

本研究在试验过程中对两种除草模式进行对比，土上避苗除草模式和土下避苗除草模式中对信息的获取和利用均采用上述控制策略。在土下避苗除草模式中，由于省略了对除草铲竖直方向的控制，所以控制更加简单，但是避苗过程和土上避苗除草模式一样。

三、除草控制系统搭建

1. 硬件选型

控制系统采用 STM32F407 单片机作为主控芯片，该单片机是由 STMicroelectronic 公司开发的 32 位微处理器集成电路，其内核是 Arm 的 Cortex 架构，I/O 口众多，功能强大，满足本系统设计要求。角度传感器选用型号为 ATK-MPU6050 V1.1，接口电压 3.3V/5V（DC），通信方式遵循标准 IIC 通信协议，通信频率 400kHz（Max），行程限位微动触电开关型号 V-154-1C25。

由上述整个除草系统的硬件配置可知：笔记本电脑采用 220V（AC）供电；伺服电机和步进电机采用 24V 供电；单片机采用 5V 供电。本除草系统自身配备 24V 锂电池，通过逆变器从机器人移动平台上的 60V 电池获得 220V（AC）电源，通过降压模块从锂电池获得 5V 电源，角度传感器直接采用单片机上 5V 端子获得 5V 电源。

除草铲工作时，如图 3-29 所示，单片机分别和一个伺服电机与两个丝杆步进电机的信号线相连，同时，电机的驱动器以及单片机分别由蓄电池和移动电源供电。陀螺仪传感器与行程限位开关分别和单片机相连，陀螺仪传感器用来复位除草铲使其处于完全打开状态，行程开关用来复位除草铲使其处于最高位置。

2. 基于 S 曲线的电机速度控制分析

在本研究中，株间除草方式是有选择性除草，即当苗草检测系统检测到株间杂草且满足除草条件时除草装置才进行除草动作，否则不进行除草动作。当除草装置要除草时，电机需要在短时间内启动。如果在步进电机启动或结束时脉冲频率过高，转子由于惯性而跟随不上电信号的变化，这将会导致堵转或失步；由于同样的原因，在停止或减速期间可能发生过冲，导致步进电机的控制精度降低。为防止失步和过冲，在启动时采用加速过程，在停止时则采用减速过程[58]。因此，可采取 S 形加速/减速曲线进行控制，使得速度变化更加柔和，防止加速度产生突变，减小冲击，并使步进电机运动具有快速平稳的特性。S 形加减速度曲线实质上是一个分段的二次多项式函数，如图 3-30 所示，标准的一个 S 形加减速度曲线模型由七段组成[59]，分别是加加速、匀加速、减加速、匀速、加减速、匀减速、减减速。

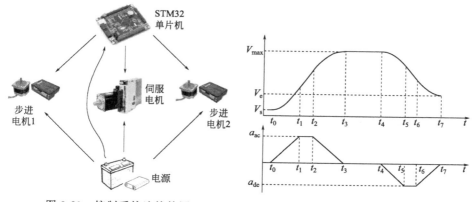

图 3-29　控制系统连接简图　　　　图 3-30　标准 S 形加减速速度曲线模型图

　　由于标准的 S 形加减速速度算法分段情况较多，计算量较大，因此在实际使用中多采用简化的 S 形加减速速度算法[35,36]。本研究采用简化的 S 形加减速速度曲线模型，即由加加速、减加速、匀速、加减速、减减速五个阶段组成，其结构如图 3-31 所示。简化 S 形加减速速度曲线具有计算简洁、速度响应快、工作效率高等优点。

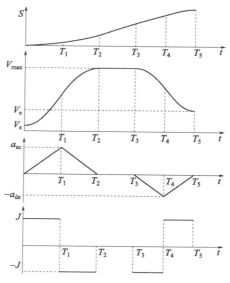

图 3-31　简化 S 形曲线加减速速度模型

　　简化 S 形加减速速度曲线模型各段的加速度和速度之间的关系式如下。

（1）加加速度

$$J(t)=\begin{cases} J & t\in[0,T_1] \\ -J & t\in(T_1,T_2] \\ 0 & t\in(T_2,T_3] \\ -J & t\in(T_3,T_4] \\ J & t\in(T_4,T_5] \end{cases} \tag{3-17}$$

（2）加速度

$$a(t)=\begin{cases} Jt & t\in[0,T_1] \\ -J(t-T_1) & t\in(T_1,T_2] \\ 0 & t\in(T_2,T_3] \\ -J(t-T_3) & t\in(T_3,T_4] \\ a(T_4)+J(t-T_4) & t\in(T_4,T_5] \end{cases} \tag{3-18}$$

（3）速度

$$V(t)=\begin{cases} \dfrac{1}{2}Jt^2+V_s & t\in[0,T_1] \\[2mm] -\dfrac{1}{2}J(t-T_1)^2+V(T_1) & t\in(T_1,T_2] \\[2mm] V(T_2) & t\in(T_2,T_3] \\[2mm] -\dfrac{1}{2}J(t-T_3)^2+V(T_3) & t\in(T_3,T_4] \\[2mm] a(T_4)(t-T_4)-\dfrac{1}{2}J(t-T_3)^2+V(T_3) & t\in(T_4,T_5] \end{cases} \tag{3-19}$$

式中，V_s 是 S 形加减速速度曲线模型的起点速度。

（4）位移

$$S(t)=\begin{cases} \dfrac{1}{6}Jt^2+V_s t & t\in[0,T_1] \\[2mm] -\dfrac{1}{6}J(t-T_1)^3+V(T_1)(t-T_1)+S(T_1) & t\in(T_1,T_2] \\[2mm] V(T_2)(t-T_2)+S(T_2) & t\in(T_2,T_3] \\[2mm] \dfrac{1}{6}J(t-T_3)^3+V(T_3)(t-T_3)+S(T_3) & t\in(T_3,T_4] \\[2mm] \dfrac{1}{2}a(T_4)(t-T_4)^2-\dfrac{1}{6}J(t-T_1)^3+V(T_1)(t-T_1)+S(T_1) & t\in(T_4,T_5] \end{cases}$$

$$\tag{3-20}$$

第五节　除草机器人性能试验与分析

智能农业装备相比于传统的农业装备在系统构成上更加复杂，为了保证智能株间除草机器人作业的可靠性和稳定性，需要预试验以及多次调试。本研究通过室内土槽试验验证除草机器人各系统之间的联动性，通过田间试验验证除草机器人的除草性能，对后续发展和改进除草机器人具有重要的指导意义。

一、台架试验与分析

1. 试验准备

在东北农业大学试验基地进行室内土槽试验。

试验条件：土槽平放在地面上，土壤是从东北试验田挖的典型东北黑土，其中玉米苗使用样苗代替，样苗之间的株距不同用以模拟现实中的玉米苗株距之间的差异，以期模仿真实的田间环境。智能株间除草装置半悬挂于机器人移动平台上。

试验材料：土槽、铁锹、样苗、卷尺、株间除草机器人样机等。

试验设备：机器人移动平台、智能株间除草装置、摄像头、笔记本电脑、STM32 控制板等。

室内土槽试验的主要目的是检验该智能除草装备各个系统联通的可行性和稳定性，因此所选样苗对检验系统影响较小。该装备正常工作流程如图 3-32 所示。

室内土槽试验中，除草系统主要包括控制系统和苗草检测系统，且控制系统受苗草检测系统指导。工作过程中，首先控制系统对除草铲进行初始化，包括其水平方向和竖直方向。随着平台向前行走，苗草检测系统实时检测样苗目标，当检测到目标时，计算相邻两棵样苗的距离，并经过信息编译将指令传给控制系统，实施除草动作，闭合持续对应时间，除草铲进行本次除草事件后，恢复到起始状态，等待下一条除草指令。

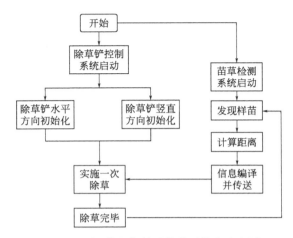

图 3-32　视觉和控制系统联通作业流程图

2. 试验方法

根据智能株间除草装置作业模式以及基于玉米根系保护的新型株间除草模式，移动平台前进速度和作物保护区大小对其作业性能影响较大，对探讨该新型除草模式是否有保护作物根系的作用有较大的意义。

在土槽试验中，主要是检验整个系统的联通和稳定性，考虑到两种除草模式对室内土槽试验影响不大，故只进行了土上避苗除草模式的除草任务。室内的环境没有田间复杂，且样苗种类单一，所以苗草检测视觉系统的检测率很高，除草性能稳定。除草机器人前进速度过大则影响检测性能和响应速度，过小则效率低，故选取平台前进速度为 0.3～0.5m/s；选取作物保护区直径为 40～60mm。每个因素选取三个水平，每个水平重复三次试验。

在室内土槽试验中，使用样苗为目标作物，其与实际玉米苗目标在形态上有较大的差异，所以选取除草率、伤苗率和伤根率作为试验指标很难统计，且不能反映真实情况，故选取成功执行除草事件发生率作为考核指标。

3. 试验结果与分析

根据前期试验设计，试验结果如表 3-7、表 3-8 所示。

表 3-7　不同机器前进速度的试验结果

前进速度/(m/s)	所需除草事件/次	实际除草事件/次	成功除草事件发生率/%
0.3	63	60	95.24
	67	65	97.01
	63	62	98.41
0.4	57	55	96.49
	55	55	100
	58	57	98.28
0.5	51	48	94.12
	49	43	87.76
	52	49	94.23

表 3-8　不同保护区直径的试验结果

保护区直径大小/mm	所需除草事件/次	实际除草事件/次	成功除草事件发生率/%
40	63	60	98.44
	67	65	97.01
	63	62	95.71
50	57	55	95.38
	55	55	93.94
	58	57	94.2
60	51	48	89.71
	49	43	92.86
	52	49	91.18

　　根据以上结果可知，随着速度的增加，成功除草事件发生率有轻微变化，有上升的趋势，这可能是由于速度加快，图像的处理速度跟不上，控制系统响应延迟。此外，随着保护区直径的变大，由于一些杂草距离玉米苗较近，所以不在除草范围内，故成功除草事件发生率逐渐降低。保护区边缘的杂草有时被苗草检测系统误判也是导致不能成功实施除草动作的一大原因。综上分析，该除草机器人的苗草检测系统、控制系统以及除草装置三者的联动性能较好，有很好的除草表现。

二、田间试验与分析

1. 试验条件

（1）田间试验材料　为了检验整个智能株间除草机器人系统运行的稳定性和除草性能，试制样机并进行了田间试验。试验地点在黑龙江省哈尔滨市东北农业大学试验田，为了对比两种除草模式下的除草性能和伤根情况，一共准备了两块大小相等的试验田。每块试验田土壤类型为典型的东北黑壤土，玉米品种为先玉 696，种植方式为垄作，种植面积约 $800 m^2$。试验田玉米苗种植株距为 $250 \sim 300 mm$，垄作行距为 $550 \sim 650 mm$。试验时间为 2020 年 6 月，玉米苗处于 $3 \sim 5$ 叶期。

（2）田间试验方法　针对两块试验田，进行不同模式的除草工作，其中一块试验田采用本研究的创新模式，即除草铲土上避苗除草模式进行除草任务，另一块试验田采用土下避苗除草模式进行除草。除了以上除草铲的运动轨迹不同，其他试验方法均相同。

选取除草机的前进速度以及作业区保护直径大小作为试验因素，采用单因素和多因素试验方法对除草性能进行田间试验。除草机的速度过小，虽然苗草检测视觉系统的检测率能提高，但是除草率过低，前进速度过大则伤苗率、伤根率明显上升。因此，根据预试验的结果将除草机的前进速度定为 0.2m/s、0.3m/s、0.4m/s、0.5m/s 以及 0.6m/s 五个水平。保护区直径过小，则伤苗率提高明显，尤其是伤根情况特别严重，保护区直径过大则除草能力过小，根据试验田实际情况调查并结合整机的结构参数以及前人的指导[38]，保护区大小直径范围定为 40mm、50mm、60mm、70mm 和 80mm 五个水平。

选取除草机的前进速度和作物保护区的大小作为试验因素，参考相关文献［60］，考核指标选取除草率和伤苗率，同时为了验证本研究中新型除草模式对玉米根系的保护作用，故又将前人鲜有用来做试验指标的伤根率添加进本研究的考核指标。除草率计算公式如式（3-21）所示，伤苗率计算公式如式（3-22）所示，伤根率计算公式如式（3-23）所示，由人工统计并进行计算。

$$\eta_1 = \frac{Q_1 - Q_2}{Q_1} \times 100\% \qquad (3\text{-}21)$$

式中，Q_1 为除草前株间杂草总数，株；Q_2 为除草后株间杂草总数，株；η_1 为除草率，%。

$$\eta_2 = \frac{M_1 - M_2}{M_1} \times 100\% \qquad (3\text{-}22)$$

式中，M_1 为除草前玉米苗总数，株；M_2 为除草后玉米苗总数，株；η_2 为伤苗率，%。

$$\eta_3 = \frac{M_3}{M_1} \times 100\% \qquad (3\text{-}23)$$

式中，M_3 为除草后伤根总数，株；η_3 为伤根率，%。

2. 视觉系统试验与分析

对苗草检测视觉系统的试验单独在田间进行，摄像头安装在机器人移动平台上，摄像头垂直于地面，高度与实际除草时保持一致。试验中采用的图像处理设备为笔记本电脑，其配置为 CPU Intel i7 7500u 2.7 GHz 处理器，GPU NVIDIA 显卡 GTX1060，16GB 内存，满足基本检测要求。

在试验中，机器人移动平台分别以 0.2m/s、0.3m/s、0.4m/s、0.5m/s 和 0.6m/s 的速度在试验田中行走，每种速度下完成 3 垄的图像检测并进行统计，统计结果如表 3-9、表 3-10 所示。移动平台在 0.2m/s 速度下，玉米苗和杂草的平均检测率都是最高的，相反在 0.6m/s 速度下检测率有所下降。造成以上结果的原因可能是随着机器人移动平台速度的提高，摄像头采集到的图像质量下降，视觉系统实时检测能力下降，导致某些玉米苗和杂草被漏检。

表 3-9 玉米苗检测结果

前进速度/(m/s)	试验序号	实际玉米苗数/株	检测玉米苗数/株	平均检测率/%
0.2	1	140	136	97.11
	2	135	131	
	3	141	137	
0.3	1	146	140	96.04
	2	143	137	
	3	140	135	
0.4	1	136	132	96.63
	2	141	137	
	3	139	133	

续表

前进速度/(m/s)	试验序号	实际玉米苗数/株	检测玉米苗数/株	平均检测率/%
0.5	1	140	131	94.05
	2	141	129	
	3	138	134	
0.6	1	144	132	92.86
	2	150	140	
	3	140	131	

表 3-10　杂草检测结果

前进速度/(m/s)	试验序号	实际杂草数/株	检测杂草数/株	平均检测率/%
0.2	1	71	66	94.44
	2	124	119	
	3	89	84	
0.3	1	190	181	93.58
	2	82	76	
	3	111	103	
0.4	1	146	138	94.03
	2	127	117	
	3	88	84	
0.5	1	127	117	92.09
	2	116	108	
	3	67	61	
0.6	1	130	115	90.21
	2	99	90	
	3	80	73	

　　通过表3-9和表3-10看出，玉米苗的检测结果稳定，杂草的检测结果发生轻微波动，通过查看检测过程中的录屏发现造成该结果的原因可能是在俯视的角度下，小尺寸杂草和玉米苗的叶子重叠[42]，导致杂草只有局部被"看"到或者完全"看"不到，提高了检测难度。

　　从苗草检测试验来看，玉米苗的检测准确度普遍比杂草要高，且比较稳定。以上试验结果和前期模型的测试集上的结果表现基本一致。在不同的前进速度下，玉米苗的检测率范围在 92.86%～97.11%，杂草的检测率为

90.21%~94.44%。造成以上结果的原因可能是：玉米苗在特定的生长周期内，外表形态特征更为统一，特征相似，更有利于目标检测，而杂草种类繁多，虽然已经将杂草根据外观形态分为阔叶类和窄叶类杂草，但是每一类中的杂草也有很多种类。苗草检测系统是采用基于深度学习算法的检测模型，相比于传统的机器视觉技术以及传感器，在准确率上可能会略有降低，但是能识别出目标种类，在未来的精准农业、智慧农业中将会有很重要的意义和前景。

3. 单个因素试验与分析

为探究各因素对智能株间除草装置作业性能的影响规律，在东北农业大学试验田中进行单因素试验研究，选取机器前进速度、玉米苗保护区直径为试验因素，各因素取值及编码如表 3-11 所示。

表 3-11 单因素试验因素水平编码表

编码水平	因素	
	机器前进速度（x_1）/(m/s)	玉米苗保护区直径（x_2）/mm
1	0.2	40
2	0.3	50
3	0.4	60
4	0.5	70
5	0.6	80

（1）机器前进速度对各指标的影响

① 机器前进速度对除草率的影响。在玉米苗保护区直径为 60mm 的工况条件下，研究机器前进速度对除草率的影响规律。试验过程中机器前进速度取 0.2m/s、0.3m/s、0.4m/s、0.5m/s 及 0.6m/s 五个水平，各个水平重复 5 次试验，对试验结果进行数据统计共得出 25 组合格试验数据，结果如表 3-12 所示。

表 3-12 机器不同前进速度下的除草率

机器前进速度/(m/s)	除草率/%				
	1	2	3	4	5
0.2	85.52	84.71	84.43	85.17	86.04
0.3	86.27	84.18	82.68	83.11	84.46
0.4	83.78	82.64	84.13	82.47	83.51
0.5	81.24	83.47	81.74	81.12	78.15
0.6	80.47	79.85	81.47	80.87	81.25

采用软件 Design-Expert 8.0.6 对试验结果数据进行处理，生成机器前进速度对除草率影响关系的折线图，如图 3-33 所示。机器前进速度对除草率的方差分析结果如表 3-13 所示，变异系数回归模型极显著。

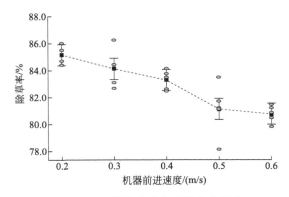

图 3-33　机器前进速度对除草率影响

表 3-13　机器前进速度对除草率影响的方差分析

来源	平方和	自由度	F 值	显著性
回归模型	72.21	4	12.91	<0.0001
x_1	72.21	4	12.91	<0.0001
误差	27.97	20	—	—
总和	100.18	24	—	—

由图 3-33 中的关系曲线可知，当机器前进速度范围在 0.2～0.6m/s 内时，除草率随着机器前进速度的增加呈整体递减趋势，当机器前进速度在 0.2～0.4m/s 范围内时，除草率均超过 82%，而机器前进速度在 0.5～0.6m/s 范围内时，其除草率在 81% 左右。

② 机器前进速度对伤苗率的影响。在玉米苗保护区直径为 60mm 的工况条件下，研究机器前进速度对伤苗率影响规律。试验过程中前进速度取 0.2m/s、0.3m/s、0.4m/s、0.5m/s 及 0.6m/s 五个水平，各个水平重复 5 次试验，对试验结果进行数据统计共得出 25 组合格试验数据，结果如表 3-14 所示。

采用试验设计专家软件 Design-Expert 8.0.6 对试验结果数据进行处理，生成机器前进速度对伤苗率影响关系的折线图，如图 3-34 所示。机器前进速度对伤苗率的方差分析结果如表 3-15 所示，变异系数回归模型极显著。

表 3-14　机器不同前进速度下的伤苗率

机器人前进速度/(m/s)	伤苗率/%				
	1	2	3	4	5
0.2	3.41	3.24	2.95	3.45	3.87
0.3	2.87	2.74	2.54	2.81	2.92
0.4	3.15	3.25	3.52	3.64	3.86
0.5	4.14	4.32	4.38	5.01	3.94
0.6	5.54	5.88	6.73	4.58	6.88

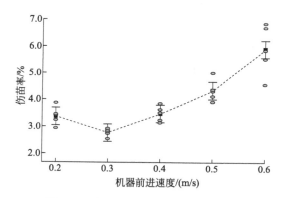

图 3-34　机器前进速度对伤苗率影响

表 3-15　机器前进速度对伤苗率影响的方差分析

来源	平方和	自由度	F 值	显著性
回归模型	29.82	4	29.59	<0.0001
x_1	29.82	4	29.59	<0.0001
误差	5.04	20	—	—
总和	34.86	24	—	—

由图 3-34 中的关系曲线可知，当机器前进速度为 0.2～0.6m/s 时，随着机器前进速度的增加，伤苗率先减小后增大，且变化趋势比较明显。当机器前进速度在 0.2～0.4m/s 范围内时，伤苗率在 3% 左右，当机器前进速度在 0.5～0.6m/s 范围内时，伤苗率上升但均在 7% 以下。

③ 机器前进速度对伤根率的影响。在玉米苗保护区直径为 60mm 的工况条件下，研究机器前进速度对伤根率的影响规律。试验过程中前进速度取 0.2m/s、0.3m/s、0.4m/s、0.5m/s 及 0.6m/s 五个水平，各个水平重复 5 次试

验，对试验结果进行数据统计共得出 25 组合格试验数据，结果如表 3-16 所示。

表 3-16　不同机器前进速度水平下伤根率

机器人前进速度/(m/s)	伤根率/%				
	1	2	3	4	5
0.2	2.23	1.34	1.95	2.05	1.14
0.3	1.24	2.65	2.14	2.85	3.02
0.4	2.15	2.85	3.20	3.64	2.96
0.5	4.04	4.36	3.75	4.75	3.25
0.6	5.47	5.09	6.24	6.56	7.85

采用试验设计专家软件 Design-Expert 8.0.6 对试验结果数据进行处理，生成机器前进速度对伤根率影响关系的折线图，如图 3-35 所示。机器前进速度对伤根率的方差分析结果如表 3-17 所示，变异系数回归模型极显著。

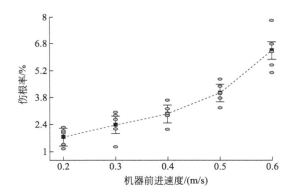

图 3-35　机器前进速度对伤根率影响

表 3-17　机器前进速度对伤根率影响的方差分析

来源	平方和	自由度	F 值	显著性
回归模型	62.16	4	30.85	<0.0001
x_1	62.16	4	30.85	0.0024
误差	10.07	20	—	—
总和	72.23	24	—	—

由图 3-35 中的关系曲线可知，伤根率整体上随着机器前进速度的增加而增加，当机器前进速度从 0.2m/s 增加到 0.4m/s 时，伤根率增加比较平缓，

而随着机器前进速度进一步增加，伤根率增加幅度较大，但均在 8％以下。

（2）玉米苗保护区直径对各指标的影响

① 玉米苗保护区直径对除草率的影响。在机器前进速度为 0.3m/s 的条件下，研究玉米苗保护区直径对除草率的影响规律。试验过程中保护区直径取 40mm、50mm、60mm、70mm 和 80mm 五个水平，各个水平重复 5 次试验，对试验结果进行数据统计共得出 25 组合格试验数据，结果如表 3-18 所示。

表 3-18　不同玉米苗保护区直径下的除草率

玉米苗保护区直径/mm	除草率/%				
	1	2	3	4	5
40	90.38	88.41	89.66	89.32	91.81
50	88.32	88.13	89.68	86.98	89.35
60	82.67	84.40	86.15	83.84	87.24
70	80.24	81.19	82.42	83.41	82.15
80	79.12	78.65	79.67	80.74	71.25

采用试验设计专家软件 Design-Expert 8.0.6 对试验结果数据进行处理，生成不同玉米苗保护区直径对除草率影响关系的折线图，如图 3-36 所示。玉米苗保护区直径大小对除草率影响的方差分析结果如表 3-19 所示，变异系数回归模型极显著。

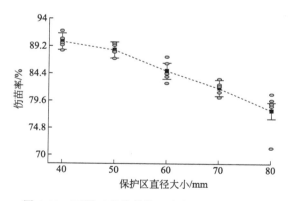

图 3-36　不同玉米苗保护区直径对除草率影响

由图 3-36 中的关系曲线可知，随着玉米苗保护区直径的增大，除草率逐渐降低，最低在 80％附近，除草率最高时接近 90％。当玉米苗保护区直径增大时，株间可除草区域减小，可清除的杂草数量减少，导致除草率减小，与试验结果相吻合。

表 3-19 不同玉米苗保护区直径对除草率影响的方差分析

来源	平方和	自由度	F 值	显著性
回归模型	479.70	4	27.32	<0.0001
x_2	479.70	4	27.32	0.0001
误差	87.80	20	—	—
总和	567.51	24	—	—

② 玉米苗保护区直径对伤苗率的影响。在机器前进速度为 0.3m/s 的条件下，研究玉米苗保护区直径大小对伤苗率的影响规律。试验过程中保护区直径取 40mm、50mm、60mm、70mm 和 80mm 五个水平，各个水平重复 5 次试验，对试验结果进行数据统计共得出 25 组合格试验数据，结果如表 3-20 所示。

表 3-20 不同玉米苗保护区直径下的伤苗率

玉米苗保护区直径/mm	伤苗率/%				
	1	2	3	4	5
40	9.65	10.05	10.27	9.64	11.45
50	8.04	7.85	8.48	7.84	8.04
60	6.52	6.47	5.78	6.58	5.98
70	5.54	4.23	4.18	3.98	5.04
80	2.89	3.15	3.57	3.56	3.48

采用试验设计专家软件 Design-Expert 8.0.6 对试验结果数据进行处理，生成不同玉米苗保护区直径对伤苗率影响关系的折线图，如图 3-37 所示。玉米苗保护区直径大小对伤苗率的方差分析结果如表 3-21 所示，变异系数回归模型极显著。

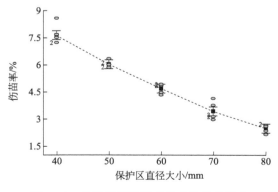

图 3-37 玉米苗保护区直径对伤苗率影响

表 3-21　不同玉米苗保护区直径对伤苗率影响的方差分析

来源	平方和	自由度	F 值	显著性
回归模型	149.59	4	145.77	<0.0001
x_2	149.59	4	145.77	0.0024
误差	5.13	20	—	—
总和	154.72	24	—	—

由图 3-37 中的关系曲线可知，随着玉米苗保护区直径的增加，伤苗率整体呈下降趋势，最高伤苗率发生在 0.2m/s 处，低于 9%，最低伤苗率在 2% 左右。

③ 玉米苗保护区直径对伤根率的影响。在机器前进速度为 0.3m/s 的条件下，研究玉米苗保护区直径大小对伤根率的影响规律。试验过程中保护区直径取 40mm、50mm、60mm、70mm 和 80mm 五个水平，各个水平重复 5 次试验，对试验结果进行数据统计共得出 25 组合格试验数据，结果如表 3-22 所示。

表 3-22　不同玉米苗保护区直径下的伤根率

玉米苗保护区直径/mm	伤根率/%				
	1	2	3	4	5
40	10.23	11.37	11.75	12.04	11.45
50	9.75	9.88	8.97	8.04	7.98
60	5.54	6.45	6.01	4.64	4.96
70	3.04	3.36	3.55	3.74	3.25
80	1.14	2.45	2.14	3.01	2.87

采用试验设计专家软件 Design-Expert 8.0.6 对试验结果数据进行处理，生成玉米苗保护区直径大小对伤根率影响关系的折线图，如图 3-38 所示。玉米苗保护区直径大小对伤根率影响的方差分析结果如表 3-23 所示，变异系数回归模型极显著。

由图 3-38 中的关系曲线可知，伤根率与玉米苗保护区直径的关系呈负相关变化规律，保护区直径增加，伤根率变小且变化比较明显。当保护区直径接近 80mm 时，伤根率最小，由经验可知，保护区直径越大，则除草铲进入保护区并接触到作物根系的概率就越小，由此伤根率也越小。

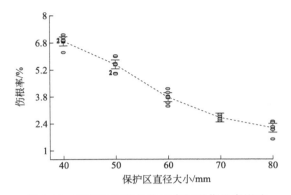

图 3-38　不同玉米苗保护区直径对伤根率影响

表 3-23　不同玉米苗保护区直径对伤根率影响的方差分析

来源	平方和	自由度	F 值	显著性
回归模型	287.41	4	145.53	＜0.0001
x_2	287.41	4	145.53	0.0024
误差	9.87	20	—	—
总和	297.29	24	—	—

4. 多个因素试验与分析

　　试验时应该考虑机器人前进速度以及玉米苗保护区直径大小的交互作用对除草率、伤苗率和伤根率产生的影响，因此本研究以机器前进速度与玉米苗保护区直径为试验因素，以除草率、伤苗率以及伤根率为性能指标进行多因素试验。根据机器前进速度与玉米苗保护区直径进行的单因素试验结果，合理控制因素变化范围，设定试验因素水平。在此基础上采用二因素五水平二次旋转正交组合设计试验对性能指标进行分析，探求智能株间除草装置最佳性能工作参数，各因素水平编码如表 3-24 所示。

表 3-24　多因素试验因素水平编码表

编码水平	机器人移动平台前进速度 x_1/(m/s)	玉米苗保护区直径 x_2/mm
1.414	0.60	80
1	0.54	74
0	0.40	60
−1	0.26	46
−1.414	0.20	40

所设计的试验方案与结果如表 3-25 所示。

表 3-25　试验方案与结果

序号	试验因素		性能指标		
	前进速度 x_1 /(m/s)	保护区大小 x_2 /mm	除草率 y_1 /%	伤苗率 y_2 /%	伤根率 y_3 /%
1	0.26	46	87.74	5.71	8.92
2	0.54	46	86.45	7.42	11.21
3	0.26	74	86.08	2.89	4.12
4	0.54	74	81.24	5.21	8.45
5	0.20	60	85.14	3.57	6.54
6	0.60	60	81.75	7.02	11.26
7	0.40	40	88.41	6.89	10.17
8	0.40	80	80.79	3.24	3.65
9	0.40	60	81.04	3.44	8.25
10	0.40	60	81.57	3.34	8.51
11	0.40	60	82.51	3.42	9.14
12	0.40	60	82.35	3.43	8.54
13	0.40	60	82.23	3.27	8.65
14	0.40	60	82.20	3.20	8.74
15	0.40	60	82.49	3.24	8.47
16	0.40	60	80.57	3.14	8.41

（1）两因素对除草率的影响分析　使用数据分析软件 Design-Expert 8.0.6 得到的方差分析如表 3-26 所示，其中当显著性 $P > F$ 值小于 0.05 时表示模型显著，当 $P > F$ 值小于 0.01 时表示模型为极显著。由表可知，x_1、x_2、x_1^2、x_2^2、$x_1 x_2$ 这五项都是该回归模型的显著项，且 x_1、x_2、x_1^2、x_2^2 项均为极显著。此外通过分析可知，机器前进速度和玉米苗保护区直径之间存在交互作用。以除草率 y_1 为响应函数，得到各因素对除草率影响的回归方程：

$$y_1 = 81.84 - 1.28x_1 - 2.13x_2 - 1.06x_1 x_2 + 1.10x_1^2 + 1.68x_2^2 \quad (3-24)$$

为了更加直观地分析机器前进速度和玉米苗保护区直径两因素与除草率之间的关系，运用 Design-Expert 8.0.6 对数据进行处理，得到前进速度与玉米苗保护区直径交互作用等高线图和响应曲面，如图 3-39 所示。

表 3-26 两因素对除草率的方差分析

来源	平方和	自由度	F 值	显著性（P＞F）
回归模型	86.23	5	19.15	＜ 0.0001
x_1	13.09	1	14.54	0.0034
x_2	36.36	1	40.38	＜ 0.0001
x_1^2	9.71	1	10.78	0.0082
x_2^2	22.56	1	25.05	0.0005
$x_1 x_2$	4.49	1	4.99	0.0495
纯误差	3.51	7	—	—
总和	95.23	15	—	—

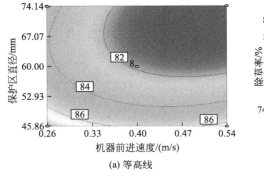

(a) 等高线

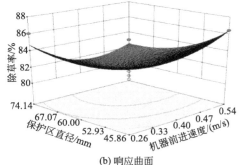

(b) 响应曲面

图 3-39 前进速度及玉米苗保护区直径对除草率的影响

对以上获得的结果分析可知，除草率的高低受到机器前进速度和玉米苗保护区直径交互作用的影响。由图 3-39 可知，当玉米苗保护区直径一定时，除草率 y_1 和机器前进速度整体呈负相关变化规律，除草率 y_1 随着机器前进速度的增加不断减小；当机器前进速度一定时，除草率 y_1 随着玉米苗保护区直径的增加而减小。在机器前进速度和玉米苗保护区直径的交互作用中，发现玉米苗保护区直径变化比机器前进速度变化对除草率 y_1 影响更大，因此影响除草率 y_1 的主要因素是玉米苗保护区直径。

（2）两因素对伤苗率的影响分析　使用数据分析软件 Design-Expert 8.0.6 得到的方差分析如表 3-27 所示，其中当显著性 $P＞F$ 值小于 0.05 时表示模型显著，当 $P＞F$ 值小于 0.01 时表示模型为极显著。由表可知，x_1、x_2、x_1^2、x_2^2、$x_1 x_2$ 这五项都是该回归模型的显著项，且 x_1、x_2、x_1^2、x_2^2 项均为极显著。此外通过分析可知，机器前进速度和玉米苗保护区直径之间存在交互作用。以伤苗率 y_2 为响应函数，得到各因素对伤苗率影响的回归方程：

$$y_2 = 3.31 + 1.11x_1 - 1.27x_2 + 0.15x_1x_2 + 1.02x_1^2 + 0.91x_2^2 \quad (3\text{-}25)$$

表 3-27　两因素对伤苗率的方差分析

来源	平方和	自由度	F 值	显著性（$P > F$）
回归模型	38.27	5	304.92	<0.0001
x_1	9.70	1	386.41	<0.0001
x_2	13.24	1	527.45	<0.0001
x_1^2	8.50	1	338.51	<0.0001
x_2^2	6.71	1	267.18	<0.0001
x_1x_2	0.13	1	5.02	0.0490
纯误差	0.092	7	—	—
总和	38.52	15	—	—

　　为了更加直观地分析机器前进速度和玉米苗保护区直径两因素与伤苗率之间的关系，运用 Design-Expert 8.0.6 对数据进行处理，得到前进速度与玉米苗保护区直径交互作用等高线图和响应曲面，如图 3-40 所示。

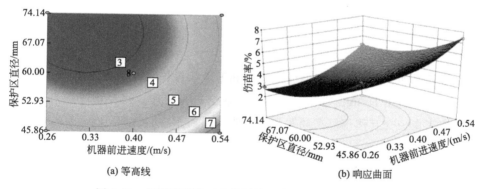

(a) 等高线　　　　　　　　　　(b) 响应曲面

图 3-40　前进速度及玉米苗保护区直径对伤苗率的影响

　　对以上获得的结果分析可知，伤苗率的高低受到机器前进速度和玉米苗保护区直径交互作用的影响。由图 3-40 可知，当玉米苗保护区直径一定时，伤苗率 y_2 随着机器前进速度的增加呈上升趋势；当机器前进速度一定时，伤苗率 y_2 随着玉米苗保护区直径的增加而减小。在机器前进速度和玉米苗保护区直径的交互作用中，发现机器前进速度变化比保护区直径变化对伤苗率 y_2 影响更大，因此影响伤苗率 y_2 的主要因素是机器前进速度。

（3）两因素对伤根率的影响分析　使用数据分析软件 Design-Expert 8.0.6 得到的方差分析如表 3-28 所示，其中当显著性 $P > F$ 值小于 0.05 时表示模型显著，当 $P > F$ 值小于 0.01 时表示模型为极显著。由表可知，x_1、x_2、x_1^2、x_2^2、$x_1 x_2$ 这五项都是该回归模型的显著项，且 x_1、x_2、x_2^2、$x_1 x_2$ 项均为极显著。此外通过分析可知，机器前进速度和玉米苗保护区直径之间存在交互作用。以伤根率 y_3 为响应函数，得到各因素对伤根率影响的回归方程：

$$y_3 = 8.59 + 1.66 x_1 - 2.10 x_2 + 0.51 x_1 x_2 + 0.22 x_1^2 - 0.77 x_2^2 \quad (3\text{-}26)$$

表 3-28　两因素对伤根率的方差分析

来源	平方和	自由度	F 值	显著性（$P > F$）
回归模型	63.50	5	128.18	<0.0001
x_1	22.09	1	223.00	<0.0001
x_2	35.20	1	355.26	<0.0001
x_1^2	0.40	1	4.02	0.0728
x_2^2	4.77	1	48.11	<0.0001
$x_1 x_2$	1.04	1	10.50	0.0089
纯误差	0.50	7	—	—
总和	64.49	15	—	—

为了更加直观地分析机器前进速度和玉米苗保护区直径两因素与伤根率之间的关系，运用 Design-Expert 8.0.6 对数据进行处理，得到前进速度与玉米苗保护区直径交互作用等高线图和响应曲面，如图 3-41 所示。

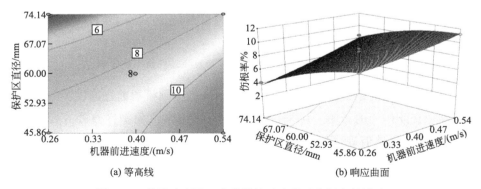

(a) 等高线　　　　　　　　　　　(b) 响应曲面

图 3-41　前进速度及玉米苗保护区直径对伤根率的影响

对以上获得的结果分析可知，伤根率的高低受到机器前进速度和玉米苗保护区直径交互作用的影响。由图 3-41 可知，当玉米苗保护区直径一定时，伤根率 y_3 与机器前进速度呈正相关规律变化，伤根率 y_3 随着机器前进速度的增加不断升高；当机器前进速度一定时，伤根率 y_3 随着玉米苗保护区直径的增加而降低。在机器前进速度和玉米苗保护区直径的交互作用中，发现玉米苗保护区直径变化比机器前进速度变化对伤根率 y_3 影响更大，因此影响伤根率 y_3 的主要因素是玉米苗保护区直径。

（4）优化与验证　使用 Design-Expert 8.0.6 软件的优化后处理模块对 3 个回归模型进行优化求解，根据玉米田株间除草装置的工作情况[61]，选择优化约束条件如式（3-27）所示：

$$\begin{cases} \max & y_1 \\ \min & y_2 \\ \min & y_3 \\ \text{s. t.} & \begin{cases} 0.2\text{m/s} \leqslant x_1 \leqslant 0.6\text{m/s} \\ 40\text{mm} \leqslant x_2 \leqslant 80\text{mm} \end{cases} \end{cases} \qquad (3\text{-}27)$$

通过对模型求解，得到多组优化后的参数组合。综合考虑将前进速度为 0.26m/s，保护区直径为 69mm 定为最佳参数组合，此时除草率为 82.75%，伤苗率为 3.08%，伤根率为 5.96%。对以上参数组合进行 5 次重复试验进行验证，将除草率、伤苗率和伤根率的数学期望作为验证的试验数据，获得的试验结果如表 3-29 所示。

表 3-29　验证方案与结果

前进速度/(m/s)	保护区大小/mm	除草率/%	伤苗率/%	伤根率/%
0.26	69	82.24	3.25	6.54
		82.40	2.61	4.12
		83.45	2.87	8.25
		83.68	3.14	5.64
		81.98	3.54	5.27

当除草机前进速度为 0.26m/s，保护区大小为 69mm 时，除草率的期望为 82.75%，伤苗率的期望为 3.08%，伤根率的期望为 5.96%，试验结果与优化结果基本一致，满足水田除草的农艺要求。

5. 除草模式性能对比试验

本研究提出两种株间除草模式，分别为除草铲土上避苗除草模式和土下避苗除草模式，其中除草铲土上避苗除草模式是研究重点。在田间试验时，增加了与土下避苗除草模式的对比试验。试验过程中，两种除草模式的差别主要在除草铲的运动轨迹方面，土上避苗除草模式基于保护玉米苗根系而设计，为空间立体开合运动；土下避苗除草模式在现有的摆动式株间除草方式中能够找到类似的，其只能控制除草铲进行平面内的开合运动。智能株间除草机器人的作业参数为：机器前进速度为 0.26m/s、玉米苗保护区直径为 69mm。按照以上组合分别进行 3 次重复试验，其最终结果如表 3-30 所示。

表 3-30 两种除草模式对比试验结果

避苗除草模式	除草率/%	伤苗率/%	伤根率/%
土上避苗除草模式（新）	81.97	8.21	3.57
土下避苗除草模式	81.43	7.89	41.56

试验结果表明，智能株间除草机器人在两种除草模式上表现良好，新型土上避苗除草模式与已有的土下避苗除草模式相比，两者的平均除草率均高于 81%，伤苗率也很接近，其中前者比后者高了 0.4 个百分点。在伤根率上，土上避苗除草模式有着十足的优势，其平均伤根率为 3.57%，相较于土下避苗除草模式降低了 37.99%，十分有利于降低玉米根系受损风险，充分发挥了保护玉米根系的作用。

6. 杂草灭除恢复分析

田间试验结束后，统计两种除草模式在作业后两周内杂草的恢复情况，如表 3-31 所示，其中恢复时间用天表示。从表中可以得出，除草后第一天，两种除草模式下的杂草都有高于 16% 的杂草恢复，说明有一些杂草虽然当时被铲除，但是根系并没有脱离土壤，依然存在继续生长的条件。除草后第 3～5 天，杂草恢复情况有小幅度回升，两种除草模式的杂草恢复情况依然没有明显差别；在第 10～15 天内，两种除草模式的杂草恢复情况能明显看出差异，其中土上避苗除草模式下的杂草恢复程度较高，这大概是由于除草铲倾斜入土，对浅层的作物根系破坏程度较小。相反，土下避苗除草模式下的除草铲始终水平放置，对浅层的作物根系破坏程度更大一些，所以恢复程度较低。

表 3-31　两种除草模式下的杂草恢复情况

除草模式	杂草恢复率/%				
	第 1 天	第 3 天	第 5 天	第 10 天	第 15 天
土上避苗除草模式（新）	16.50	17.50	20.00	22.00	27.50
土下避苗除草模式	16.10	17.40	19.40	21.10	24.50

第六节　小结

本章苗草检测模型建立在深度学习技术上，该模型的建立主要包括两部分：制作玉米田特定条件下的数据集和训练苗草检测模型。模型建立选取 YOLOv4 检测网络，使用上述数据集进行模型训练，经过 20000 次迭代学习，得到模型的最高精确率、召回率、F_1 值和 mAP 分别是 96.07%、96.59%、96.27% 和 95.17%，模型性能表现良好。详细阐述智能株间除草机器人整体结构及其工作原理，并对智能株间除草装置关键部件的设计和分析进行详细的介绍。根据田间作业环境参数的测定结果指导智能株间除草装置的机架、仿形机构、传动机构以及除草铲关键部件的设计。使用 ADAMS 软件对该模型进行轨迹运动学仿真，所得轨迹满足预期要求。使用 ANSYS Workbench 软件对机架和除草铲进行有限元静力学分析，根据仿真结果对除草铲和铲柄连接处进行加固，以期减小应力集中。

苗草检测系统获取株间苗草信息、除草控制策略以及电机加减速速度控制算法分析与实现苗草检测。首先制定除草控制策略为：苗草检测系统检测到玉米苗和杂草后，对目标之间的距离进行计算和判断，只有当杂草在株间的位置满足除草要求时，检测系统才会向控制系统发送除草指令等信息。其次采用简化的 S 形加减速速度控制算法，使得步进电机运行平稳。然后，对智能株间除草机器人样机分别进行了室内土槽试验和田间试验。在室内土槽试验中，主要进行了整个样机系统的测试和调试，试验表明该除草机器人的系统运行稳定，除草表现良好。在田间试验中，采用新型的土上避苗除草模式探究除草机器人工作参数组合对除草性能的影响，以机器人前进速度、保护区大小为试验因素，选取除草率、伤苗率及伤根率为试验指标，进行单因素和多因素试验。结果表明：各因素对除草率影响贡献率由大到小依次为玉米苗保护区直径、机器前进速度；对伤苗率影响贡献率由大到小依次为前进速度、玉米苗保护区直径；对伤根率影响贡献率由大到小依次为玉米苗保护区直径、前进速度；最优参数组合为前进速度为 0.26m/s、保护区直径为 69mm，除草率、伤苗率和伤根率分别为 82.75%、3.08% 和 5.96%。田间对比试验结果表明，土上避苗除草模式与土下避苗除草模式的除草率和伤苗率相当，但在伤根率上前者有十分大的优势，降低了 37.99%。此外，对除草后的杂草恢复情况进行统计，该智能株间除草单元的新型除草模式除草效果良好，满足玉米田间除草的农艺要求。

第四章

基于 BlendMask 语义分割模型的
对靶施药除草机器人

植物表型性状对于了解植物的形态结构具有重要作用，而叶片计数一直是植物表型研究的一个重要挑战。但是国内外对于叶片计数的图像多是在室内环境采集的，室内的图像往往背景纯净，光照均匀[62]。而农田环境复杂，植株之间存在差异以及叶片之间的相互遮挡会对成像质量和模型性能产生影响，所以在田间复杂环境下获取杂草的表型信息仍然具有很大的挑战。因此，本章采用实例分割方法，结合杂草的生理特征，对田间工况条件下的杂草和玉米幼苗开展工作，获取其表型信息，为除草剂变量喷洒提供重要参考依据。

第一节　除草剂投放剂量试验

根据对国内外的研究可知，同一叶龄的杂草，将相同剂量的除草剂喷洒在杂草的植物中心、叶片、茎秆等不同部位，除草效果是不同的，因为除草剂被杂草吸收后，是作用于特定位点来干扰植物的生理和生化代谢导致杂草的生长受到抑制或者死亡。喷洒到植物中心能够缩短杂草的死亡时间，因为植物中心对除草剂的吸收效果最好，植物中心多为分生组织，生命力强，气孔数量多，而气孔是除草剂进入植物体内的主要通道，而且植物中心持药性强，如果将除草剂集中沉降在该区域，将会提高除草剂的使用效率，如图4-1所示。而杂草叶龄与除草剂用量之间存在着密切的关系。

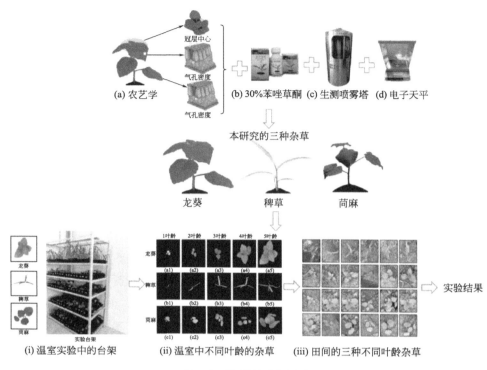

图 4-1　除草剂喷施试验

　　为了验证杂草的叶龄与除草剂用量之间的关系，并找到每个叶龄下的最低施药剂量，在黑龙江省哈尔滨市东北农业大学的植物工厂内做了化学除草的温室试验，并在东北农业大学试验田中进行了田间试验验证。本节包含两部分：先在温室进行初步测试得到不同叶龄杂草与除草剂的关系，然后在田间试验进行验证，得到每个叶龄所需要的最低除草剂的剂量。

一、温室试验

　　本章选取的三种杂草为：龙葵、稗草、苘麻。这三种杂草均为东北地区常见杂草。图 4-2 展示了温室中的试验台架及本研究的三种植物。种子采自哈尔滨香坊区东北农业大学东门试验田。挑选大小均匀，无破损发霉的种子。供试土壤：东北农业大学东门试验田的农田土，土壤的有机质含量 2.6％，pH 值 6.5，装在长 7cm、宽 7cm、高 7cm 的育苗盒中，盒中装 3/4 的土壤即可，盒底有通气孔。将育苗盘放在 150cm×60cm×200cm 的架子上，并将育苗盒放在育苗盘中，此育苗盘可容纳 480 个育苗盒。

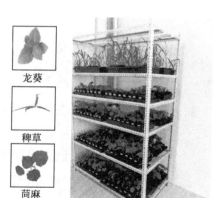

播种稗草、龙葵、苘麻种子，表面覆盖 0.5cm 土层，每天上午 9 点对每个育苗盒内的杂草进行灌溉，供试环境：27℃／22℃±3℃ 的日/夜温度。自然光照，为保证每层植物受光均匀，每 3 天随机调整苗盘的位置。每隔 3～5 天浇水一次，使土壤的相对湿度控制在 50％～80％，待杂草分别长到 2、3、4、5 叶龄时，分别留取每类

图 4-2　温室中试验台架及本研究的三种杂草

品种每个叶龄生长整齐的 12 株（含空白对照 6 株），最后每种杂草共有 48 株，为保证苯唑草酮的茎叶处理效果，在育苗盒中的土壤表面覆盖碎石。供试药剂：30％苯唑草酮，为内吸型除草剂，由德国巴斯夫（BASF）公司生产，如图 4-1（b）所示。施药器械：生测喷雾塔（3WPSH-500D 型），如图 4-1（c）所示。测量器械：电子天平（精度 1/1000），如图 4-1（d）所示。

根据苯唑草酮在田间大面积喷洒时的实际推荐剂量 75～90mL/hm²，结合相关文献和室内生物测定的结果，设置苯唑草酮施药剂量为 90g/hm²，苯唑草酮采用梯度稀释法，按照最高推荐剂量的 1/16、1/8、1/4、1/2、1、2 共 6 个剂量梯度用清水配置，在生测喷雾塔中，用 30％苯唑草酮对 2～5 叶龄的龙葵、稗草、苘麻进行茎叶喷雾处理，本次试验中苯唑草酮的喷雾剂量设计为 5.625、11.25、22.50、45.00、90.00、180.00g/hm²，各药剂兑水量为 450L/hm²，每处理设 5 次重复，以不喷作为空白对照。喷药前杂草的部分图像如图 4-3 所示，每次施药后隔 3～5 天观察记录三种杂草的植株状态，于用药后 20 天，调查杂草的活性，将三种杂草挖出，标记每株杂草的叶龄，将其清洗干净，用吸水纸将表面的水分吸干，称量鲜重，按以下公式计算其鲜重抑制率。

$$鲜重抑制率 = \frac{C-T}{C} \times 100\% \qquad (4\text{-}1)$$

式中，T 为测试杂草的平均鲜重；C 为对照杂草的平均鲜重。

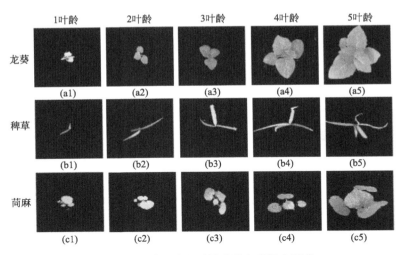

图 4-3 不同品种和不同叶龄杂草温室图像

二、田间试验

选取东北农业大学东门试验田进行田间除草剂的投放试验，种子选择龙葵、稗草、苘麻三种黑龙江省典型农田杂草，采自哈尔滨香坊区东北农业大学东门试验田。挑选大小均匀、无破损发霉的种子进行播种。田间土壤的有机质含量为 2.7%，pH 值 6.3。待杂草分别长到 2、3、4、5 叶龄时，分别留取每类品种每个叶龄生长整齐的 12 株（含空白对照 7 株），每种杂草共有 48 株。对 2～5 叶龄阶段的杂草进行一次性处理。苯唑草酮采用梯度稀释法，按照最高推荐剂量的 1/16、1/8、1/4、1/2、1、2 共 6 个剂量梯度用清水配置，田间 30% 苯唑草酮的喷雾剂量为 5.625、11.25、22.50、45.00、90.00、180.00g/hm²，每处理设 5 次重复，测量器械为电子天平（精度 1/1000）。以不喷药作为空白对照，喷药前田间杂草的部分图像如图 4-4 所示，每次施药后隔 3～5 天观察记录三种杂草的植株状态，于用药后 20 天，调查杂草的活性，将三种杂草挖出，标记每株杂草的叶龄，将其清洗干净，用吸水纸将表面的水分吸干，称重鲜重按式（4-1）计算其鲜重抑制率。

三、试验结果与分析

在温室试验中得到了杂草的叶龄与除草剂用量之间的关系，并找到每个叶

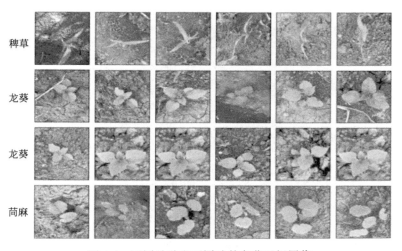

稗草

龙葵

龙葵

苘麻

图 4-4　不同品种和不同叶龄杂草田间图像

龄下的最低施药剂量。将苯唑草酮不同剂量施在杂草上，并在施药后的 20 天经过测量得到杂草叶龄与除草剂用量之间的关系。

随着杂草叶龄增加所需要的最低除草剂剂量也会发生改变。根据说明书可知 30% 苯唑草酮在田间大面积喷洒时的推荐剂量为 $90g/hm^2$，而根据杂草叶龄与除草剂的关系进行精准变量对靶除草，能够减少除草剂的使用量，所以需要开展基于杂草农艺特性的除草剂剂量投放试验。在温室试验中这三种杂草在 2 叶龄时仅需要 $22.5g/hm^2$ 的剂量就能达到很好的防除效果，是推荐剂量的 1/4。龙葵在 3~4 叶龄时使用 $45g/hm^2$ 剂量的除草剂就开始枯萎发黄，是推荐剂量的 1/2，而 5 叶龄时需要 $90g/hm^2$ 剂量的除草剂才能达到很好的防除效果。可见对于 2~4 叶龄的龙葵使用低于说明书上推荐的剂量即可杀灭，能够很大程度上节省除草剂的用量，减少环境污染。对于 2~5 叶龄的稗草以及苘麻在 2~4 叶期所需要的最低除草剂剂量均低于说明书推荐剂量，可见不同叶龄的杂草所需要的除草剂剂量是不同的，小叶龄的杂草仅需要推荐剂量的 1/4~1/2 就能使杂草枯萎，而大叶龄的杂草气孔数量少，蜡质层厚，新陈代谢慢，对除草剂的吸收效果较差，要将其杀灭所需要的除草剂剂量多[63]。根据杂草的叶龄选择除草剂的剂量，能够节省除草剂，减少环境污染，减少杂草的抗药性。

如图 4-5 所示，展示了不同叶龄的龙葵、稗草、苘麻在温室和田间对 30% 苯唑草酮的敏感性。取 30% 苯唑草酮剂量的对数为横坐标，杂草的鲜重抑制率为纵坐标，该鲜重抑制率为每种杂草每个叶龄下的平均鲜重抑制率。

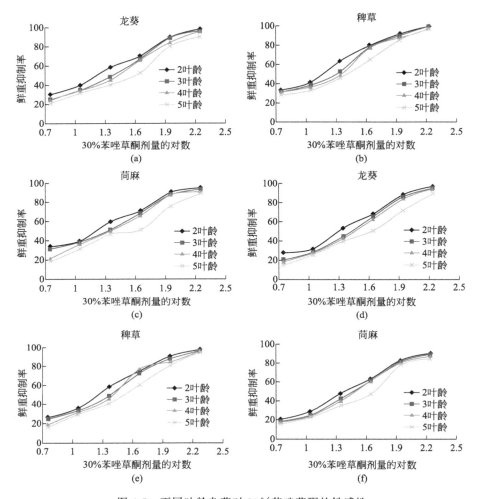

图 4-5　不同叶龄杂草对 30％苯唑草酮的敏感性

注：30％苯唑草酮的施用剂量为 5.625、11.25、22.5、45、90、180g/hm², （a）、（b）、（c）代表的是 30％苯唑草酮对温室下三种杂草的敏感性，（d）、（e）、（f）代表的是 30％苯唑草酮对田间环境下三种杂草的敏感性。

　　前期的温室试验主要是在盆栽中进行，主要就是为了评价除草剂在相对稳定环境下的活性，是除草剂进入田间筛选试验的依据。田间试验室是在大自然环境下进行，可以客观地评价除草剂在田间环境下的使用剂量和除草效果。

　　由图 4-5（a）、（b）、（c）可知，稗草在相同叶龄相同喷施剂量条件下的鲜重抑制率高于龙葵和苘麻，可见稗草对 30％苯唑草酮较为敏感。在温室试验中，龙葵、稗草和苘麻在相同除草剂剂量下 2 叶龄鲜重抑制率高于其他叶龄，

3 叶龄与 4 叶龄的鲜重抑制率比较接近，5 叶龄的鲜重抑制率较低，所以 2 叶龄对除草剂更加敏感。这三种杂草在 2 叶龄时候仅需要 1/4 推荐剂量就能达到大于 50％的鲜重抑制率，可以抑制杂草的生长。对于 2～3 叶龄需要 1/4～1/2 推荐剂量能达到抑制杂草生长的目的，对于 5 叶龄的杂草需要推荐剂量才能杀灭。

由图 4-5（d）、（e）、（f）可知，在田间环境中龙葵和稗草在 2 叶龄时候仅需要 1/4 推荐剂量就能达到大于 50％的鲜重抑制率，2 叶龄的苘麻需要 1/2 推荐剂量才能达到很好的防除效果。这三种杂草在 2～3 叶龄时候仅需要 1/2 推荐剂量就能达到大于 50％的鲜重抑制率。5 叶龄和温室试验结果一样，也需要推荐剂量才能够杀灭。田间试验条件下同一株杂草的鲜重抑制率在低剂量条件下小于等于温室试验的数据，在高剂量条件下，田间同一株杂草的鲜重抑制率与温室的试验数据相当或接近。除草剂的作用效果在田间除了受自身环境的影响还受到气候、温度、相对湿度、风以及光照等环境因素的影响。

本章研究的三种杂草大小、形状和叶片数通常是不确定的，而植物叶片的叶表皮蜡与除草剂的吸收密切相关，但是同一株植物的不同部位的表皮蜡组成是不同的，会随着季节、地点和植物的年龄而变化。通过除草剂试验，已经研究了杂草的叶龄和植物中心区域与除草剂的吸收和传导的关系，发现随着叶龄的增长，杂草的生命活动、新陈代谢会逐渐减弱，导致杂草所需要的除草剂的剂量逐渐增加，而杂草的植物中心对除草剂的吸收和持药性更好。相同剂量下，稗草所需要的剂量更小，可能是因为稗草对苯唑草酮除草剂更敏感。根据杂草的叶龄选择除草剂的剂量，能够节省除草剂，减少环境污染及杂草的抗药性，并对指导除草剂的使用具有重要意义。

第二节　农田杂草图像数据集制作

第一节提出了不同叶龄杂草所需要除草剂的剂量不同，根据杂草叶龄与除草剂用量之间的密切关系来指导精准变量喷洒作业，将农艺研究与人工智能技术相融合对减少除草剂用量有着重要意义。本小节在第一节的基础上采集了田间非结构化杂草数据集，杂草数据集是开展深度学习模型研究的重要前提。为验证模型对于复杂田间环境下杂草表型信息的获取能力，首先采集田间单株杂草数据集进行训练和测试，为进一步验证深度学习模型对田间作业条件下的杂草和玉米幼苗的分割情况，采集了田间多株杂草和玉米幼苗图像。

采集田间不同天气、不同角度和不同叶龄的数据图像，对数据集进行数据增强和数据标记，制作了两个数据集（田间单株杂草数据集、田间多株杂草和玉米数据集）以供深度学习模型训练和测试。

一、杂草植株图像数据集采集与制作

1. 田间单株杂草数据采集

为了探究实例分割模型对于田间杂草叶龄和植物中心等表型信息的获取能力，本研究选择了田间三种典型杂草，采集了田间单株杂草主视图、侧视图、俯视图三个视角的图像数据。从植物表型研究的角度，构建主视图、侧视图、俯视图的原因是想在数据集中充分暴露杂草的全方位信息以获取杂草的叶龄和植物中心，所采用三视图的方法也是植物表型领域的常规做法。Michael Henke 等提出了一种自动分割温室植物图像的方法，在构建数据集的时候也是采用了主视图、侧视图和俯视图[64]，如图 4-6 所示。

(a) 主视图　　　　　　　(b) 俯视图　　　　　　　(c) 侧视图

图 4-6　不同角度的植物图像

由于缺乏公开的杂草幼苗数据集，有必要创建杂草幼苗数据集来训练DCNN 模型。目前数据图像来源是田间杂草图像，因为温室杂草的背景单一，而田间杂草图像比较复杂，能够很好地验证模型对于自然状态下的杂草识别能力。田间数据的来源是 2020 年 5 月 25 日至 2020 年 6 月 29 日在香坊区玉米播种后生长至两叶龄后进行实地采集。本研究选取的三种杂草为：龙葵、稗草、苘麻。这三种杂草均为香坊区农田典型杂草，本章研究以杂草为主要研究对象，田间杂草主要以 2～5 叶龄居多，所以只对 5 叶龄之前的杂草数据进行随机采集。

当采集数据时，摄像头在田间的拍摄角度和杂草的生长阶段都可能会影响数据集的精度。田间杂草的位置和姿态复杂多变，同一物体在不同拍摄角度下的形态差异较大，如图 4-7 所示，为了更好地展示不同角度获取的杂草信息不同，将田间杂草背景去除。在主视图、侧视图和俯视图三种正交角下进行了数据采集，能够充分暴露杂草的全方位信息。为了更好地接近田间作业的真实情况，将与垄地平行的方向规定为正视图方向，与垄地垂直的方向规定为侧视图方向，主视图和侧视图之间夹角为 90°，在采集数据时使用量角板进行测量。

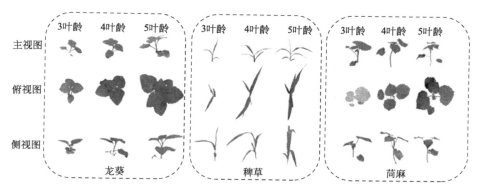

图 4-7　主视图、俯视图和侧视图角度下的杂草图像

表 4-1 展示了采集期间内每隔 2～5 天在不同的天气情况、不同角度和不同生长阶段对不同叶龄的杂草图像的采集情况。从作物播种后两叶期开始，使用焦距为 4.2mm、最大光圈 $f/2.2$、最大分辨率为 4032×3024 像素的相机拍摄田间杂草图像。将图像存储为 JPEG 格式。

表 4-1　试验的环境信息和图像列表

日期	图像/张	最高温度/℃	最低温度/℃	天气	主视图/张	俯视图/张	侧视图/张
2020-05-25	498	30	17	阴天	198	160	140
2020-05-30	530	22	11	阴天	192	186	152
2020-05-31	441	21	15	晴天	148	140	153
2020-06-04	452	24	16	阴天	142	162	148
2020-06-08	456	24	18	雨天	139	169	148
2020-06-10	557	25	16	阴天	213	190	154
2020-06-14	462	24	14	雨天	146	171	145

日期	图像/张	最高温度/℃	最低温度/℃	天气	主视图/张	俯视图/张	侧视图/张
2020-06-17	454	25	13	阴天	152	154	148
2020-06-21	489	26	14	阴天	182	165	142
2020-06-23	460	25	15	晴天	145	157	158
2020-06-26	522	26	17	阴天	159	176	187
2020-06-29	535	23	15	阴天	152	214	169
总计	5856	—	—	—	1968	2044	1844

数据采集的三个视角即主、侧及俯视不同视角拍摄的田间杂草图像，在收集数据时，将样本种类、叶龄、收集时间、收集角度、收集天气和温度标记在样本数据中。生成数据集的目的是探究深度学习模型对自然状态下不同生长阶段的单株杂草叶龄和植物中心区域的识别性能。

2. 田间单株杂草数据集制作

在训练网络时，需要将图像进行筛选并调整为统一的大小以满足 DCNN 的训练要求[65]。首先将一些不合适注释的图像丢弃。其次在对植物调整尺寸时为了不改变植物的形态，具体步骤如下：①田间采集的原始图像尺寸为 4032×3024 像素；②将图像剪切为 3024×3024 像素的图像，剪切时尽量剪切没有杂草的空白区域，保留杂草的整株形态；③将剪切后图像的尺寸调整为 1024×1024 像素。最后在构建数据集时要保留一些模糊、遮挡、不全的图像作为负样本的数据集，最终从 5856 张图像中选择 5700 张。由于需要测试模型，所以保留其中的 600 张图像用于模型评估，900 张用于验证模型对叶龄识别的准确性。

由于数据增强能够进一步丰富样本图像，使数据集更具有代表性，更准确地反映田间数据的真实情况，所以该研究采用数据增强的方法来扩展数据集，提高模型的训练精度并减少过度拟合[66]。如图 4-8 所示，具体操作是：对图片进行随机翻转，加噪声，将亮度调整为增亮 10%，变暗 10%。在进行数据增强的时候在保证原数据集的结构和比例不变的基础上，一共得到 6000 张数据增强的图片。因此制作两种数据集：一个进行数据增强，另外一个不进行数据增强。这两个数据集均是按照 8：2 随机选择划分为训练集和验证集[67,68]。

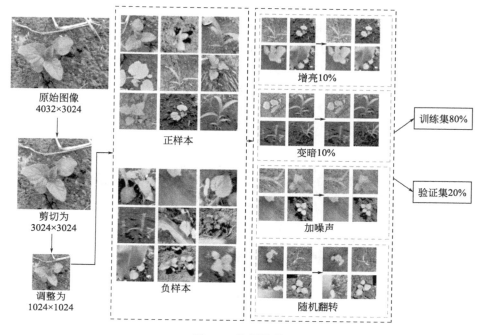

图 4-8　数据增强

二、苗草种群图像数据集采集与制作

1. 苗草种群图像数据集采集

采用本团队的数据采集平台，对田间作业环境下的杂草图像进行采集。因为在田间环境中摄像头多为竖直或者倾斜放置，所以本研究从俯视、30°斜视、45°斜视三个方向采集自然条件下生长的玉米和杂草图像，以提高深度学习模型对于复杂田间环境的适应能力。

为分割田间杂草和玉米植株，需要采集相关图像，以建立杂草和玉米图像数据集。试验视频拍摄于 2020 年 5 月 20 日到 2020 年 6 月 20 日，每隔 2 到 5 天在黑龙江省哈尔滨市向阳农场进行数据采集，采集设备为数码摄像机（CCD），最大分辨率为 1360×1024 像素，帧速度为 30 帧/s，并以 JPG 文件格式存储。所采集的样本图像为幼苗期玉米以及常见的伴生杂草，包括稗草、龙葵、苘麻、刺菜、打碗花等。由于田间杂草在 2～5 叶期的数量居多，所以对

5 叶期之前的田间植株进行数据采集。当采集数据时，将样本的种类、叶龄、采集时间、采集天气、采集温度标记在样本数据中。拍摄方式如图 4-9 所示。两个摄像头之间的距离为 $L = 600\text{mm}$，摄像头与架子之间的间距为 $H_a = 250\text{mm}$，架子与地面之间的间距为 $H_b = 650\text{mm}$，α 为俯视图角度，采集过程分别以俯视、30°斜视、45°斜视三个方向采集自然条件下生长的玉米和杂草图像，如图 4-10 所示。

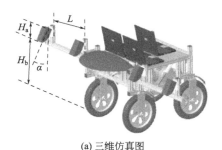

(a) 三维仿真图　　　　　　　　　(b) 田间图像采集平台

图 4-9　图像采集平台

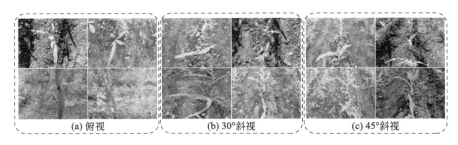

(a) 俯视　　　　　　(b) 30°斜视　　　　　　(c) 45°斜视

图 4-10　不同拍摄角度下的数据图像

采集图像的天气条件包括：晴天、阴天、雨后。采集的时间段为每天早上（6：00—9：00），中午（12：00—3：00），傍晚（16：00—19：00）。

2. 苗草种群图像数据集制作

在训练网络时，输入的图像尺寸需要与网络的输入大小进行匹配[65]，为不改变植物的形态，将图像剪裁为 1024×1024 像素来构建 DCNN 的数据集。为增加样本多样性，使数据集更具有代表性，更准确地反映田间数据真实情况，提高模型训练精度，扩大数据集并减少过度拟合，使 DCNN 对环境变化引起的光照具有鲁棒性，通过数据增强的方法，对田间采集的图片进行随机旋转、水平翻转、垂直翻转、增亮 10％，变暗 10％、加噪声等 6 种操作，如图 4-11 所示。

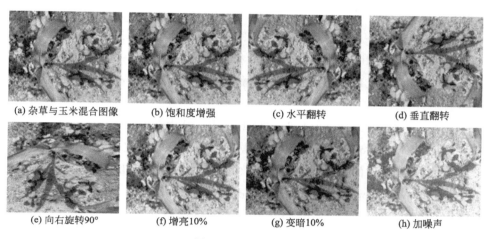

(a) 杂草与玉米混合图像　　　(b) 饱和度增强　　　(c) 水平翻转　　　(d) 垂直翻转

(e) 向右旋转90°　　　(f) 增亮10%　　　(g) 变暗10%　　　(h) 加噪声

图 4-11　数据增强

　　采集图像的同时保留一些模糊、遮挡、不全的图像作为数据集的负样本。正负样本一共得到 8000 张图片，保留 1200 张玉米和杂草图像进行测试比较，其中俯视、30°斜视、45°斜视分别 200 张，晴天、阴天、雨后分别 200 张。将剩余图像进行数据增强，增强后得到 18000 张杂草和玉米图像，按照 8：2 随机选择划分为训练集和验证集[67]，用 VIA（VGG Image Annotator）[69] 进行标注，通过不规则多边形标记杂草和玉米叶片，用圆形标记杂草的植物中心。由于在实际环境下，图片中植株数量不确定，会存在包含多种、多株杂草的情况，无法用图片中掩膜叶片数量计算单株植物的叶龄，所以用矩形框标记单株植物最外层轮廓，计算矩形框内掩膜叶片数量，就是该植株叶龄。为减少计算量和计算时间，对矩形框不进行掩膜。

第三节　基于 BlendMask 模型的农田杂草图像分割

　　常用实例分割模型主要分为两大类：一阶段实例分割模型和二阶段实例分割模型。其中 Mask R-CNN 是二阶段实例分割模型，依赖于目标检测，而 BlendMask 是一阶段实例分割模型的典型代表，不依赖目标检测，更加轻便，适合部署到边缘端。

一、语义分割模型简介

BlendMask 是一阶段的密集实例分割算法，将实例级别信息和较低细粒度的语义信息结合，其主要由一阶段目标检测网络 FCOS 和一个掩码分支构成。BlendMask 借鉴 FCIS 和 YOLACT 的融合方法，提出混合模块（Blender）可以更好地融合这些特征。

如图 4-12 所示是 BlendMask 的模型结构，其中掩码分支有三个部分：底部模块用来对底层特征进行处理生成得分图（Base），顶层串在检测器的头部上，生成 Base 对应的顶层注意力机制（Attention），最后混合模块（Blender）对 Base 和 Attention 进行融合。BlendMask 是将顶层（top-level）和底层（bottom-level）的信息进行融合。top-level 对应的是更广阔的视野，例如整株杂草的姿态，而 bottom-level 对应着更精细的细节信息，能够保留更好的位置信息。可见 BlendMask 能够将实例级别的丰富信息和准确密集的像素特征融合起来。

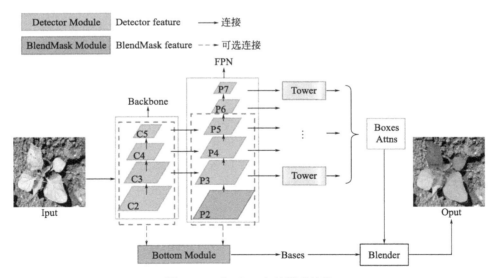

图 4-12　BlendMask 的模型结构

BlendMask 通过设计不同的权重层来建立不同深度的深度神经网络模型，虽然网络越深，准确性越高，但是网络层数加深会导致模型的训练和检测速度降低。残差网络（ResNet）可以减少训练退化的问题，提高模型的收敛性。

因此，本研究采用 ResNet-50 和 ResNet-101 结合特征金字塔模型（feature pyramid networks，FPN）作为特征提取网络来提取杂草图像的特征。

迁移学习能够利用先前获得的知识更快、更有效地解决新的但类似的问题[70]，是减少训练的人力和成本、提升训练效率的有效方法。所以在训练 BlendMask 之前，采用迁移学习的方法引入 COCO 数据集的预训练模型[71]，预训练网络的参数如表 4-2 所示。

表 4-2　预训练网络的特征参数

网络	深度	大小/MB	参数/百万	输入图像尺寸/像素	特征提取层
ResNet-50	50	96	25.6	224×224	block _ 13 _ expand _ relu
ResNet-101	101	167	44.6	224×224	mixed7

二、杂草分割模型训练与评估

BlendMask 采用的是随机梯度下降算法（SGD）来训练网络，权重衰减系数设置为 0.0005，动量因子设置为 0.9，初始学习率为 0.0001，训练 Batch-Size 设置为 1。在参数设置完毕后，采用 COCO 数据集的预训练模型，训练 100 轮，每轮训练 1000 次。将 BlendMask 的特征提取网络设置为 ResNet-50 和 ResNet-101。

评估的目的是测试算法在分割图像上的杂草叶龄以及植物中心的能力，使用 7 个关键性指标精确率（P）、召回率（R）、F_1、交叉联合（IOU）、平均精度（AP）、多个类别平均精度的平均值（mAP）、平均交叉联合误差（mIOU）来进行评估。

第四节　农间苗草图像语义分割试验与分析

一、实例分割模型对比试验分析

在本章研究中，采用实例分割方法获取杂草的品种、叶龄和植物中心。实例分割性能决定着杂草的识别效果，因此针对实例分割网络开展了如下研究。首先对 6 个典型的实例分割模型进行对比并选择最优模型；其次对最优模型进行超参数优化，以提高网络性能；最后选用 7 个评价指标对优化后的模型性能进行评估。详细的研究结果如下所示。

为了验证所提出的方法对杂草分割的有效性，本研究比较了 6 个实例分割算法，包括 YOLACT、PolarMask、BlendMask、CenterMask、SOLO 和 Mask R-CNN。这样做是为了进一步提升模型的适应能力，对图片进行数据增强。将以上 6 种算法分别在两个数据集中进行训练，一个是数据增强的，另一个是不进行数据增强的。为了测试模型在田间复杂环境中的识别效果，测试的图像均是没有进行数据增强的。如图 4-13 所示显示了模型的 F_1 值，对应六个模型的特征提取网络是 ResNet-101。"无数据增强"和"数据增强"分别是指使用 4200 个未增强数据集和 6000 个增强数据集训练的模型。当 IOU 阈值大于或等于 0.5 和 0.7 时，mAP 分别定义为 AP50 和 AP70，图 4-13 和图 4-14 也同样设置。

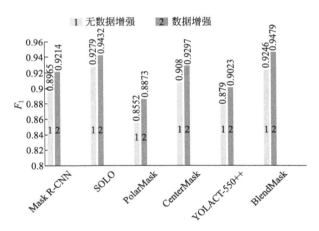

图 4-13　不同实例分割模型的 F_1 值

图 4-13 显示了六个实例分割网络的 F_1 值，从图中可以看出数据增强比不进行数据增强最多能提高 3.21%，最少提高 1.53%，可见数据增强的效果普遍高于没有数据增强的效果。田间杂草是一种具有复杂结构和丰富纹理特征的视觉对象，即便是同一物种，在形态和颜色上也会产生很大的差异，而数据增强能够提高模型的泛化能力，减少过拟合，提高模型对复杂田间环境的适应能力。在数据增强的情况下，Mask R-CNN、SOLO、CenterMask、BlendMask 的 F_1 值均大于 0.92，而 YOLACT 和 PolarMask 的 F_1 值较低。YOLACT 是一阶段的实例分割网络，采用基于全局图像的方法处理图像，这种方法能够较

好地保留物体的位置信息，但是对于叶片遮挡的情况，可能无法准确定位到每个杂草叶片，导致将下面被遮挡的叶片识别为前景掩膜的叶片，从而造成误差。PolarMask 也是一阶段的实例分割模型，通过从物体的中心点发出的射线组成多边形来描述物体的轮廓，但是杂草具有多形性，形态结构复杂，植物中心也具有特殊性，这种方法可能无法精准描述物体的边缘，会在连接各个射线端点的时候导致部分局部分割信息丢失，使得最后生成的掩膜效果不好。

为了进一步分析模型对于多分类目标位置和类别信息的识别性能，如图 4-14 所示显示了六个实例分割网络的 AP50 和 AP70。

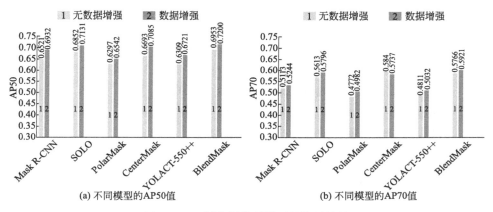

图 4-14　不同实例分割模型的检测结果

通过对比可以看出 AP50 的值均高于 AP70，可见选择 IOU 阈值大于等于 0.5 是比较适合该研究的。在图 4-14（a）中可以看到在数据增强的情况下，六种模型的 AP50 均在 65%～72% 之间，能够满足杂草实例分割的需求，其中 BlendMask、SOLO、CenterMask 的 AP50 值均大于 70%。CenterMask 也是一阶段实例分割模型，同时包含 YOLACT 和 PolarMask 的全局和局部图像方法，能够在实现像素级特征对齐的情况下完成不同物体的实例分割，所以取得了较好的分割效果。但是 CenterMask 的 AP50 值小于 BlendMask 和 SOLO，因为 CenterMask 本质上仍未完全脱离目标检测的影响，而 SOLO 采用实例类别的思想实现直接实例分割，BlendMask 结合了 Top-down 和 Bottom-up 方法的思路，将实例级别的丰富信息和准确的密集像素特征融合起来，所以针对相互遮挡情况的分割效果更为理想。

综上所述，BlendMask 和 SOLO 在田间复杂环境中分割杂草的性能最好，在数据增强情况下 BlendMask 的 F_1 值比 SOLO 高 0.47%，AP50 值高 0.69%。

为了进一步探究这两个模型对杂草表型信息的获取能力和运行效率，将 Blend-Mask 与 SOLO 更换了两个特征提取网络 ResNet-50 和 ResNet-101，对不同底层网络下的计算时间进行了对比，结果如表 4-3 所示。

表 4-3　不同模型在不同特征提取网络下的预测时间

网络	时间/ms	
	ResNet-50	ResNet-101
SOLO	102.7	128.5
BlendMask	89.3	114.6

表 4-3 列出了模型对单张图片预测持续时间，可以注意到，在选择两个不同的特征提取网络时，BlendMask 的预测时间比 SOLO 分别少 13.4ms 和 13.9ms。因为 SOLO 受 anchor-based 的影响，与 FCIS 类似是区分位置信息的，而 BlendMask 模型借鉴 FCIS 和 YOLACT 的融合方法，提出 Blender 模块，处理速度更快。因此，综合考虑到分割性能和预测时间，BlendMask 表现出令人满意的分割性能，可实现快速准确的除草。

二、超参数对分割性能的影响分析与优化

模型的参数对模型性能影响较大，因此更改了 BlendMask 的以下四个超参数：①R，底部层级感兴趣区域的分辨率；②M，顶部层级的预测分辨率；③K，基底的数量；④底部模块由特征提取网络或 FPN 的特征组成。

如表 4-4 所示，是模型在基数 $K=4$，底部模块为 C3、C5 的情况下不同分辨率的对比，将底部层级感兴趣区域的分辨率 R 设置为 28 和 56。

表 4-4　不同分辨率的比较

R	M	AP50	AP70	时间/ms
	2	0.652	0.505	85.7
28	4	0.664	0.517	86.1
	7	0.677	0.521	88.3
	4	0.685	0.532	86.3
56	7	0.693	0.535	88.2
	14	0.698	0.538	91.1

注：将模型的基数 K 设置为 4，底部模块使用的是 C3 和 C5。通过改变底层和顶层的分辨率，来对比模型的性能，底层模块使用的是特征提取网络。

由表 4-4 可知，在分辨率 R 为 56 时，AP50 和 AP70 的值均高于 R 为 28 的时候。因为底部层级提取的是杂草叶片和植物中心的细节信息，分辨率越高越有利于获得杂草清晰的特征，并且增加分辨率对模型的预测速度影响也是较小的，所以将 R 设置为 56。

当 R 为 56 的情况下，顶部层级预测的分辨率为 14 时，AP50 值比 7 的时候高出 0.005，AP70 高出 0.003，但是预测时间却高出 2.9ms。因为顶部层级提取的是整株杂草的形状和姿态并进行粗略的预测，综合考虑为了在预测速度和精度之间达到更好的平衡，在接下来的消融实验中将 R 设置为 56，M 设置为 7，如表 4-5 所示。

表 4-5　不同数量基底的比较

K	1	2	4	8
AP50	0.645	0.672	0.693	0.663
AP70	0.497	0.504	0.535	0.524

注：将 R 设置为 56，M 设置为 7。

表 4-5 列出了在 R 设置为 56，M 设置为 7 的情况下，不同 K 值的对比。将基底的数量从 1 设置到 8，寻找模型的最佳性能。从表 4-5 可以看到，仅需要 4 个基底就能取得很好的性能，在接下来的消融实验中，将基底的数量设置为 4，如表 4-6 所示。

表 4-6　由特征提取网络或 FPN 组成底部模块的性能比较

底层	特征	M	时间/ms	AP50	AP70
Backbone	C3，C5	7	88.3	0.653	0.507
		14	91.1	0.657	0.519
FPN	P3，P5	7	84.9	0.664	0.523
		14	89.5	0.667	0.523

注：R 设置为 56，将模型的基底数量设置为 4。

表 4-6 列出了在 R 设置为 56，K 设置为 4 的情况下，不同底部模块特征提取性能的比较。使用 FPN 特征作为底部模块的输入，不仅能够提高模型性能还能够提高模型的推理速度。FPN 是一个特征金字塔，具有很好的泛化能力和鲁棒性，有利于在田间非结构化环境中获得杂草的高层语义特征。由于 FPN 能够在更大的特征图上进行特征提取，所以能够更准确地获得杂草叶片和植物中心这样的细节信息，所以在接下来的实验中采用特征提取网络结合

FPN 来提取杂草特征。

三、叶龄与拍摄位姿对分割性能的影响分析

在消融实验中，已经将 BlendMask 模型的状态调整到最佳，BlendMask 模型由于其较高的实时性和检测精度已经在众多的模型中取得了最佳的分割性能，为了进一步分析 BlendMask 模型对于复杂田间环境中杂草叶龄和植物中心获取的能力，采用田间单株和多株杂草数据集进行分析和讨论。

1. 田间单株杂草数据集试验结果

同一植株在不同拍摄角度和不同叶龄下的形态差异较大，为了验证模型对不同叶龄和不同拍摄角度下图片的识别性能，将 BlendMask 更换两个不同的底层网络（ResNet-50 和 ResNet-101），对杂草在不同叶龄和不同拍摄角度下的分割结果进行比较。采用了精确率（P）、召回率（R）、F_1、IOU、AP、mAP 以及 mIOU 等七个评价指标来进行评估。使用了 600 张不进行数据增强的图像进行验证，其中包括 200 张主视图、200 张侧视图、200 张俯视图。

由图 4-15 可知，在主、侧、俯和总测试集上的 ResNet-50 精确率大于等于 0.7619，召回率大于 0.7463，F_1 大于等于 0.7634。相比之下 ResNet-101 的精确率大于等于 0.8983，召回率大于等于 0.8267，F_1 大于等于 0.8983。可以看出，无论是主视图、侧视图、俯视图还是总测试集 ResNet-101 的精确率、召回率和 F_1 值明显高于 ResNet-50，ResNet-101 的检测性能始终优于 Res-Net-50。在 ResNet-50 中，稗草叶子识别的精确率比苘麻叶子识别精确率高，但是在 ResNet-101 中，稗草叶子识别的精确率与苘麻叶子识别精确率相近。提出如下假设：因为 ResNet-50 的卷积层数较 ResNet-101 少，无法提取足够的特征，ResNet-101 增加了网络深度，所以稗草叶子和苘麻叶子的 F_1 值均提高了，且精确率接近。本章节将具有 ResNet-50 和 ResNet-101 框架的 Blend-Mask 分别表示为 ResNet-50 和 ResNet-101，Centre 代表每种杂草的植物中心。

由于图 4-15 只能展示模型的分类性能，不能表示模型的识别准确性，而田间的实际环境复杂，对杂草的识别造成了一定影响，所以模型的识别准确性对评估模型的性能是非常重要的。表 4-7 列出了对于数据增强的数据集，在不同的角度和网络的检测结果。

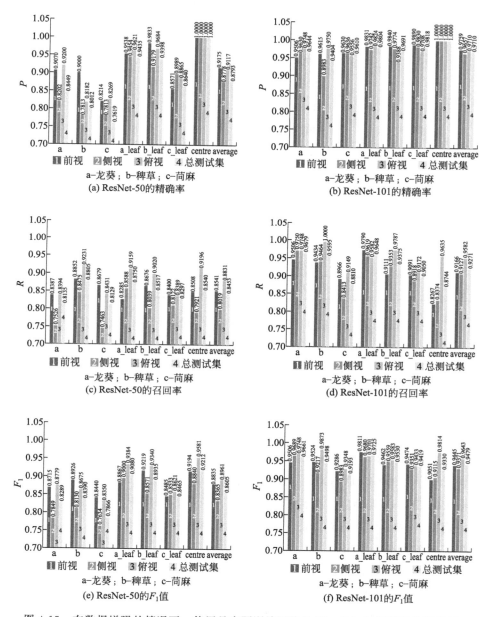

图 4-15 在数据增强的情况下，使用具有预训练网络的 BlendMask 模型的检测结果

注：leaf 表示叶子，centre 表示每种杂草的植物中心，average 表示平均值。

表 4-7　在数据增强情况下不同网络和不同角度的检测结果

视角	指标	ResNet-50	ResNet-101
主视图	AP50	0.573	0.732
	AP70	0.485	0.602
	mIOU	0.482	0.597
侧视图	AP50	0.564	0.645
	AP70	0.472	0.540
	mIOU	0.472	0.583
俯视图	AP50	0.637	0.784
	AP70	0.521	0.633
	mIOU	0.553	0.642
总测试集	AP50	0.591	0.720
	AP70	0.493	0.592
	mIOU	0.502	0.607

平均精确率均值（mAP）是目标检测中常用的一个指标。从表 4-7 可以看到 ResNet-101 的 mAP 和 mIOU 值均高于 ResNet-50，具有良好的目标检测性能，能够适用于小目标物体的分割，可以满足杂草实例分割的需要。所以本章选择 ResNet-101 结合 FPN 框架来提取杂草的特征。对于总测试集，当 Res-Net-101 作为特征提取网络时，AP50 的值比 AP70 的值高 12.8%，可见阈值大于等于 0.5 有很好的检测性能。采用 ResNet-101 作为特征提取网络，俯视图的 AP50 值比主视图和侧视图分别高 5.2% 和 13.9%，俯视图取得了很好的检测性能。平均交叉联合率（mIOU）作为评估分割结果的重要指标，常用来评估 BlendMask 模型的分割性能。如表 4-7 所示，采用 ResNet-101 作为特征提取网络，俯视图的 mIOU 值分别比主视图和侧视图高 4.5% 和 5.9%，依然取得了很好的分割结果。

机车在田间作业的时候，摄像头通常固定为一个角度，但田间杂草的位置和姿态是复杂多变的，在机车行进的过程中杂草的成像角度会发生改变，而且不同杂草所在的位置不同导致成像角度也会不一样，所以构建不同角度的数据集能够使模型应对不同场景的作业需求。为了验证本研究方法对叶龄识别的准确性，如图 4-16 列出了在数据增强和 ResNet-101 结合 FPN 的情况下不同叶龄的识别准确率。

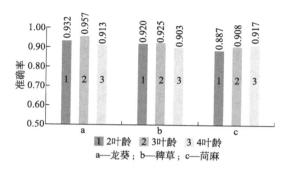

图 4-16　BlendMask 模型对不同叶龄识别的准确率

为了获得不同叶龄识别的准确率，使用一个含有 900 张未增强图像的测试集，其中包括龙葵、稗草和苘麻各 300 张，龙葵的 2 叶龄、3 叶龄和 4 叶龄杂草分别为 100 张，剩下两个品种也同样设置。叶龄识别是否准确是根据计算机计算出来的叶龄值与采集数据时标签上的叶龄值进行对比判断的。由图 4-16 可知，三种杂草叶龄识别的准确率均高于 88％。其中龙葵的 2 叶龄和 3 叶龄的识别准确率普遍高于另外两种杂草，其中 3 叶龄识别准确率为 0.957，是所有叶龄识别准确率中最高的。

稗草的 4 叶龄识别准确率比 2 叶龄和 3 叶龄的分别低 0.017 和 0.022，主要是由于稗草在 4 叶龄的时候，主茎的底部多会有一些小的叶片，这些较小的叶片容易被上部的叶子遮挡在下面，给叶龄识别带来了很大的困难。尽管 BlendMask 模型在解决复杂田间环境问题上具有很大的优势，但是对于这种情况，效果仍然不是很理想，容易导致叶龄的误判。苘麻的 2 叶龄识别准确率在所有类别中是最低值为 0.887，主要是由于苘麻的叶片呈椭圆形，与龙葵叶子有较大的相似性，导致一部分叶子被错认。在 4 叶龄时苘麻的识别准确率高于另外两种杂草，是因为 4 叶龄的时候叶片数量较多，而苘麻的叶柄较长，下面叶片就不容易被遮挡。

本研究的 DCNN 模型只是对三种典型杂草进行分割，但是不同类型的杂草之间还是存在细节上的差异，因此有必要扩大杂草的种类，并对田间经济作物和不同品种的图像进行采集分割，增加数据集的种类，该模型可以达到更高的分割精度，并且根据获得经济作物的叶龄也可以为作物施肥提供重要的依据。BlendMask 在杂草的测试图像中未能分割出靠近图像边缘的杂草，但是在现场应用时，连续的视频输入将会消除边缘效应。

2. 田间多株杂草数据集试验结果

为了将 BlendMask 模型更好地应用在田间的变量喷洒平台上，使用前文中所采集的田间多株杂草图像进行验证。选择 1200 张玉米和杂草图像进行测试比较，其中俯视、30°斜视、45°斜视分别 200 张，晴天、阴天、雨后分别 200 张。表 4-8 列出了在不同天气条件下的精确率（P）、召回率（R）和 F_1 值。

表 4-8　不同天气条件下的检测结果

特征提取网络		ResNet-50	ResNet-101
晴天	P	0.8920	0.9582
	R	0.8261	0.8963
	F_1	0.8462	0.9156
	AP50	0.5654	0.7024
阴天	P	0.8965	0.9728
	R	0.8632	0.9315
	F_1	0.8849	0.9562
	AP50	0.6231	0.7395
雨后	P	0.8841	0.9647
	R	0.8427	0.9174
	F_1	0.8715	0.9387
	AP50	0.5917	0.7125

如表 4-8 的对比结果所示，以 ResNet-101 作为特征提取网络的 Blend-Mask 模型表现出良好的性能。以 ResNet-101 作为特征提取网络的前提下，阴天的 F_1 值为 0.9562，比晴天高 4.06％，比雨后高 1.75％，在所有天气中取得了最佳的分割性能。阴天的 AP50 值为 0.7395，比晴天高 3.71％，比雨后高 2.7％。以上结果表明采用 ResNet-101 作为特征提取网络的 BlendMask 能够满足实例分割的需求，能够准确地对玉米和杂草进行分割，阴天的检测效果优于晴天和雨后。为了进一步探究 BlendMask 模型在不同角度下的分割效果，使用俯视、30°斜视、45°斜视各 200 张进行测试，表 4-9 列出了在不同拍摄角度下的精确率（P）、召回率（R）、F_1 值。由表 4-9 可以看出以 ResNet-101 作为特征提取网络的 BlendMask 深度学习模型仍然表现出良好的性能。在以 ResNet-101 作为特征提取网络的条件下，30°斜视的 F_1 值为 0.9503、AP50 值

为 0.7589，F_1 值比俯视和 45°斜视分别高出 4.88％和 1.24％，AP50 值比俯视和 45°斜视分别高出 5.58％和 3.41％。

表 4-9 不同拍摄角度下的检测结果

特征提取网络		ResNet-50	ResNet-101
俯视	P	0.8864	0.9368
	R	0.8031	0.8934
	F_1	0.8412	0.9015
	AP50	0.6012	0.7031
30°斜视	P	0.8957	0.9762
	R	0.8621	0.9225
	F_1	0.8694	0.9503
	AP50	0.6297	0.7589
45°斜视	P	0.8965	0.9564
	R	0.8412	0.9183
	F_1	0.8599	0.9379
	AP50	0.6130	0.7248

为了更好地评估模型的分割结果，采用 mIOU 为评价指标。如表 4-10 所示，为 1200 张含有杂草和玉米图像的测试结果，由此表可知在总测试集上 ResNet-50 的 mIOU 值为 0.551，ResNet-101 的 mIOU 值为 0.645，因此选择 ResNet-101 作为特征提取网络能够取得最佳的分割性能。在以 ResNet-101 作为特征提取网络的条件下，30°斜视和阴天的 mIOU 值分别为 0.681 和 0.671，是不同角度和天气中最佳的，均取得了很好分割效果。

表 4-10 模型的分割结果

特征提取网络	mIOU	
	ResNet-50	ResNet-101
俯视	0.521	0.612
30°斜视	0.601	0.681
45°斜视	0.535	0.643
晴天	0.498	0.624
阴天	0.602	0.671
雨后	0.546	0.639
总测试集	0.551	0.645

第五节　对靶施药除草机器人系统简介

本章提出了基于 BlendMask 的田间杂草分割模型，在两个杂草数据集中进行测试，取得了很好的分割结果，为了进一步验证该模型在小型边缘端和终端使用的情况，将深度学习模型安装在田间除草机器人中进行试验测试。

一、除草机器人整体结构

智能田间除草机器人系统采用模块化设计，主要由机器人移动平台和变量喷洒单元组成，变量喷洒单元挂载在机器人移动平台上，如图 4-17 所示。机器人移动平台是除草机器人喷洒作业的基础，本团队开发了一种适用于复杂田间环境的除草机器人平台。其中智能移动平台在设计上参考了国内外诸多田间除草作业机器人的设计经验[31]，其详细的参数参考前文中的内容。

图 4-17　智能除草机器人整体结构图

智能除草机器人整体主要由五部分组成：机器人移动平台、变量喷洒单元、车载电脑、电源控制箱和气泵。其中变量喷洒单元挂载在机器人移动平台上，是除草的主要部件，由 6 个雾化喷头和同步带滑台组成，控制系统根据当前的株距、车速、转角和位移信息，实时控制喷头并选择离杂草最近的喷头进行喷洒，由 PWM 控制变量喷洒，电磁流量计实时检测流量，实现机器、视觉和控制系统配合除草。

二、变量靶喷单元设计

除草系统采用模块化设计，这样可以方便挂接到不同的车载平台。为了提高系统的可靠性、稳定性，本研究将控制系统集成到变量喷洒单元里面，变量喷洒单元如图 4-18 所示，左侧为三维模型图，右侧为实物图，该变量喷洒单元长 70cm、宽 31cm、高 27cm。

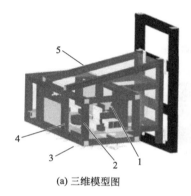 

(a) 三维模型图　　　　　　　　　　(b) 实物图

图 4-18　变量喷洒单元

1—控制箱；2—高速同步带滑台；3—气雾喷头；4—外壳；5—机架

本研究的变量喷洒单元由 5 个主要部分组成，分别为控制箱、高速同步带滑台、气雾喷头、外壳和机架。该变量喷洒单元一共由 6 个喷头组成，喷头为 ST-5 自动喷头，属于气雾喷头，能够有效减少雾滴漂移，液滴颗粒更小，有利于除草剂吸收，喷雾锥角在 $10° \sim 60°$ 之间，流量可调，离地高度为 50cm，因为本研究的中心区域很小，为了让药液更好地沉积在中心区域，将喷雾锥角设置为 $15°$。如图 4-19 为精准变量喷洒模块的结构。

由图 4-19 可知，精准变量喷洒模块主要由直线位移传感器、高速同步带滑台、导轨模块、雾化喷头、移动喷头组单元和铝板件组成。直线位移传感器获得喷头的位置，计算距离杂草最近的喷头，为了快速精准变量喷洒除草剂，该研究将 6 个喷头划分为不同区域，如图 4-20 所示，从左到右划分为 1 号喷头、2 号喷头等等。

由图 4-20 可知，每个喷头负责一个红色矩形区域，当视觉系统获取杂草的叶龄（n）和杂草坐标（X_0，Y_0，R）后，视觉系统将杂草划分区域，一共为 6 个区域，与 6 个喷头相对应，视觉系统将杂草中心位置的坐标反馈到控制

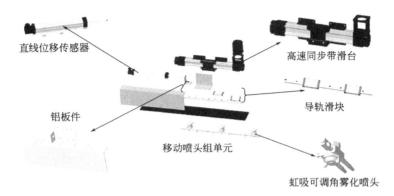

图 4-19　精准变量喷洒模块的结构

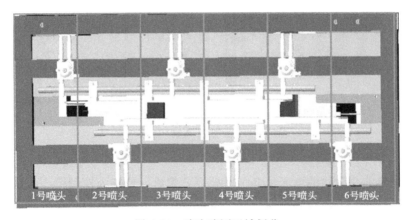

图 4-20　喷头喷洒区域划分

系统中，控制系统先判断（X_0，Y_0，R）属于哪个喷头所管辖的区域，利用直线位移传感器获取喷头所在的位置，电机驱动喷头移动到杂草正上方，同时将叶龄值（n）转换为喷雾量，控制电磁阀进行精准变量对靶喷洒。

三、智能控制系统搭建

为了方便变量喷洒单元能够挂接到不同的车载平台上，本研究将控制系统集成到变量喷洒单元内。变量喷洒单元由步进电机驱动，整个系统的电力供应是由安装在电源控制箱内的 60V 锂电池经过逆变器处理完成的，控制系统的核心是 STM32 控制板。现在的变量喷雾系统主要有：流量调节式[72]、压力调节式[73] 和农药直接注入浓度调节式[74]。其中 PWM 喷雾流量调节式是通过改变喷头电磁阀的高低电平之比来调节喷头的实际喷雾流量（即电磁阀占空比），它在改变喷洒流量的同时几乎不改变喷雾压力，且流量调节范围大，是当前变量喷雾的主要控制方式。故本章为实现面向复杂田间环境的变流量喷施作业，采用脉宽调制技术（PWM）进行变流量调节控制。

当进行喷洒作业时，将配置好的一定浓度的农药存储在药箱中，车载电池作为动力，驱动水泵和气泵运转，水泵采用电动隔膜高压泵，直流电压 12V，最大流量 16L/min，可实现自动回流。药物被吸入水泵中，然后被泵入主流管路中，喷施过程中系统水压相对稳定。控制器控制高速电磁阀 PWM 的占空比信号输出，以根据不同叶龄完成相应变量喷雾作业。当电磁阀开启的瞬间，药液从喷头射出，当电磁阀关闭时，停止喷雾。

该变量喷洒单元的控制流程如图 4-21 所示，首先视觉系统和变量喷洒单元的控制系统启动，步进电机初始化，视觉系统同步接收杂草的中心位置和叶龄信息，若视觉部分没有接收杂草的中心位置和叶龄信息则反馈回视觉系统继续识别，若控制系统获取杂草的中心位置和叶龄信息时，直线位移传感器会实时获取喷头的位置，根据每个喷头负责的范围，控制系统会分配距离杂草最近

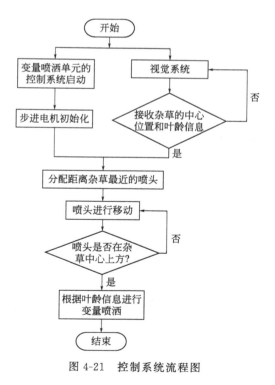

图 4-21 控制系统流程图

的喷头进行移动，实时获取喷头的位置，判断喷头位置坐标与杂草中心坐标是否一致，若不一致则反馈回控制系统再次移动喷头，若一致则根据杂草的叶龄和中心位置进行精准变量对靶喷洒。

第六节　对靶施药机器人农田试验

为了验证所提出的基于 BlendMask 模型杂草分割方法的可行性，选择东北农业大学试验田进行田间试验，试验于 2020 年 9 月进行，基于上述理论和试验，将人工智能识别系统应用在变量对靶喷洒单元中，使用化学除草剂进行田间变量对靶喷洒试验，以杂草灭除率作为评价指标，在东北农业大学试验田的 1 号试验地（玉米田）和 2 号试验地（白菜田）进行田间试验，试验参数如表 4-11 所示。

表 4-11　田间试验地参数

试验地	行距/mm	平均株间距/mm	株高/mm	作业长度/m
1 号	600	300	130	12
2 号	650	400	50	8

田间喷洒试验分别在两块试验地进行，为方便表述记为 1 号与 2 号试验地。其中 1 号试验田玉米植株间隙为 30cm，行距为 60cm，株高 13cm，垄长12 m，田间试验图像如图 4-22（b）所示。2 号白菜试验田植株间隙为 40cm，行距为 65cm，株高 5cm，垄长 8 m，田间试验图像如图 4-22（c）所示，在不同时间分别对 1 号和 2 号试验地进行田间除草试验，作业时机车行进的速度为 0.3m/s。

(a) 变量喷洒单元　　　　(b) 玉米地喷药　　　　(c) 白菜地喷药

图 4-22　变量喷洒装置

　　试验时，摄像头与笔记本电脑连接获取田间杂草植株的视野图像，以及杂草的中心区域和叶龄值。单片机与笔记本电脑相连接，笔记本电脑将获取的图像信息传给单片机，单片机与水箱后方的喷洒模块相连接，单片机根据图像的信息计算出距离，并选择最佳喷头，再根据图像中杂草叶龄计算出最佳的喷药量，通过电磁流量计实时测量药液喷洒量，传输过程如图 4-23 所示。

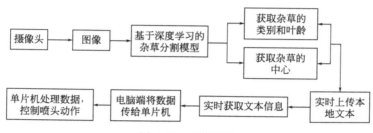

图 4-23　工作流程

　　考虑到控制系统因为响应时间造成延迟的问题，将摄像头放置到喷头前方30cm 处。试验前首先对除草机器人系统初始化设置以及相关参数校准，试验采用 30％苯唑草酮除草剂。1 号试验地喷洒除草剂的作业日期为 2020 年 9 月10 日，此时玉米处于 3 叶期，作业前先对作业长度 12 m 区域内的杂草进行检查并标记，确定区域内的杂草数量。启动除草机器人进行喷洒除草作业后，根据农药药理作用时间于 5 天后检查除草剂灭杀效果，统计被杀灭杂草数量并计算杀灭率。同理 2 号试验地喷洒试验的日期为 2020 年 9 月 20 日，此时白菜处于 2 叶期左右，采用同样的方式完成田间试验。

　　在完成 1 号和 2 号试验地喷洒作业后，统计作业前杂草、作业后杂草以及灭除率，如表 4-12 所示。在 1 号试验田中，模型对玉米田杂草的识别准确率为 89.16％，识别出杂草并准确喷洒的准确率为 92.87％，杂草灭除率为82.80％。在 2 号试验田中，模型对白菜田杂草的识别准确率为 84.90％，识别出杂草并准确喷洒的准确率为 95.61％。杂草灭除率为 81.17％。试验中没有完全喷洒主要是因为机车在行进的过程中会发生颠簸，因为喷雾量小，在风

表 4-12　田间试验结果

类别	杂草总数/株	评估指标		
		成功检测/株	除草剂杀灭杂草数/株	杂草灭除率/％
1 号	692	617	573	82.80
2 号	563	478	457	81.17

力作用下会导致雾滴发生漂移，药液不能完全落在杂草中心。1 号试验地杂草灭除率高于 2 号试验地，因为 2 号试验地的白菜图像是视觉系统没有采集过的图像，容易导致误判。但综观 1 号和 2 号试验地的杂草灭除率均较高，可以满足精准变量对靶的作业需求。

第七节　小结

本章为了进一步提高杂草检测的精度，将人工智能技术与农艺研究进行融合，应用在智能农业的发展中。提出了基于实例分割技术的杂草分割方法，获取杂草的叶龄和植物中心。该方法使用 ResNet-101 作为特征提取网络，将标记好的杂草图像用作网络的输入，训练网络模型，对经典的 BlendMask 模型进行超参数优化，对具有预训练网络的 BlendMask 模型进行培训和评估。优化后的 BlendMask 模型的 mIOU 值可以达到 0.607，叶龄的识别准确率最高可以达到 0.957。通过不同实例分割模型的对比和超参数的优化，BlendMask 模型的 AP50 值可以达到 0.720，单样本耗时 114.6 ms，取得了最佳的分割结果。证明综合应用模型比对、参数优化、数据增强、更换底层网络等对于解决复杂环境下的叶龄和中心区域的识别是有效的方法。该方法能够对类似复杂田间情况下表型信息的获取提供借鉴。在模型训练中俯视图获得了最佳的分割性能，俯视图的 mIOU 值分别比主视图和侧视图的 mIOU 高 4.5% 和 5.9%。稗草的 4 叶龄由于遮挡较为严重，识别准确率比 2 叶龄和 3 叶龄的分别低 1.7% 和 2.2%。由于叶子的形态结构会影响叶龄识别准确率，龙葵的叶龄识别准确率最高为 0.957，是所有类别中识别准确率最高的。

为了更好地将模型应用在田间变量喷洒单元，将该模型在田间多株杂草和玉米图像数据集中进行训练和测试。测试结果表明，以 ResNet-50 作为特征提取网络的 mIOU 值为 0.551，ResNet-101 的 mIOU 值为 0.645，选择 ResNet-101 作为特征提取网络取得了最佳的分割效果。在以 ResNet-101 作为特征提取网络的条件下，30°斜视和阴天的 mIOU 值分别为 0.681 和 0.671，是不同角度和天气中最佳的，取得了很好的分割效果。经过在两块试验田中进行验证，杂草灭除率分别为 82.80% 和 81.17%，可以满足精准变量对靶的作业需求。与此同时，本研究对于精准变量除草具有重要意义，该数据集和研究结果有可能为未来植物表型研究提供重要资源。

第五章

基于双流密集特征融合网络的
变量对靶施药除草机器人

杂草作为农业田间管理的重要作业对象，在作物生长的早期阶段危害较大。传统的除草剂广域喷洒，存在除草剂药害、环境污染、粮食安全等诸多问题。杂草的地上鲜重作为描述杂草生长状态的重要指标，与除草剂施用剂量存在相关关系。故依托于杂草地上鲜重表型信息进行除草剂剂量选择并进行适应性给药，对于指导精准变量对靶施药技术具有重要意义。本章结合农艺学原理、深度学习技术、三维点云建模技术、机电一体化等多学科知识，开发了一种田间杂草目标检测和地上鲜重预测模型，并将该模型部署在精准变量对靶施药单元上进行田间试验。

第一节　RGB-D 数据与杂草地上鲜重标签动态采集方法

采用深度学习有监督模型，具有训练过程，需进行数据采集工作。本章所采用的传感器是深度传感器，需要采集的信息为点云信息、杂草地上鲜重信息，且在机器人前进过程中所采用的信息为动态信息流，故本章主要阐述一种全新的采集点云数据及地上鲜重数据的方法。

一、采集区域与研究对象

为了确保研究的实际意义，研究区域是哈尔滨香坊农场的一片农业专用

163

试验田。玉米于 2020 年 5 月 4 日播种，以平作方式进行种植。除草剂的施用通常分两个阶段进行，第一阶段是在播种前进行封闭处理，第二阶段是在玉米长势为 3～5 叶期阶段施用茎叶除草剂，精准对靶施药技术主要针对第二阶段。因此，在播种后，用乙酰氯除草剂试验田进行封闭处理。在封闭处理后，田间大量杂草被杀灭，选择了田间种群数量较大的三种杂草来进行研究，分别为龙葵、苘麻、苣荬菜。在收集这三种杂草的过程中，没有对其他杂草进行任何处理，以保持农田的自然状态。由于本研究使用的是深度数据，杂草的高度是一个重要的影响因素，因此选择了生长高度不同的三种杂草进行研究。

二、采集机器人平台与设备

本章的研究目的是为精准对靶施药技术提供视觉模型支持。因此，使用采集平台来模拟田间精准对靶施药的工作过程，以保证数据的普遍适用性[31]。采集平台具有两个驱动轮，可实现变速移动，在采集过程中的运行速度为 0.3m/s。采用差速转向的原理进行田间行走。平台轮距可调，便于适应于不同垄距的东北非结构化农田。在采集平台下安装 Kinect v2 传感器两台，安装高度距离地面 0.8m。两个 Kinect v2 传感器的中心距为 0.7m，可覆盖两垄范围。由于红外脉冲在室外环境中会受到自然光的干扰，会影响 Kinect v2 的采集过程，降低其深度数据的质量，因此平台设置了遮光板，在清晰地捕捉到 RGB 图像的同时削弱强自然光的影响，使部分光线能够进入，以保证 Kinect v2 的深度摄像头性能稳定。在选择 Kinect v2 传感器的安装高度时，不仅要保证单株杂草尽可能大地清晰成像，还要与其探测范围相适应。化学除草通常在玉米田的 3～5 叶期进行。此时，玉米和杂草的高度一般不超过 0.3m，所以本研究选择 0.8m 作为 Kinect v2 传感器的安装高度。称重设备是分析天平，可精确到毫克，用来进行杂草地上鲜重数据的采集。采集平台和称重设备如图 5-1 所示。

三、采集方法与流程

为探究杂草的 RGB-D 特征信息和地上鲜重的一一对应关系，需要考虑在采集田间 RGB-D 数据的同时建立图像中单株杂草与其鲜重的对应关系，也必

图 5-1　采集机器人与试验设备

须确保采集的数据完全符合除草机器人在执行田间精准变量对靶施药时的工作状态。静态拍摄方法是无法满足需求的，而动态拍摄会导致很难确定图像中的杂草与鲜重具有的对应关系，即无法快速地将所获取的图像信息与地面上实际的杂草建立匹配关系。基于此种问题，本研究开发了一种高效的杂草鲜重数据采集方法。

完整的采集过程，其主要思想分为四个步骤：

步骤 A：在拍摄前，工作人员必须首先确定相机的实际视野，Kinect v2 的彩色相机分辨率为 1920×1080 像素，找到实际对应的地面视野，并在实际视野下画线。建立两条线，分别为相机实际视野的边缘线和距离相机视野边缘 400 像素的实际位置线，两条线之间的区域被称为标签建立区。利用人眼发现杂草后，建立杂草与标签的实际联系，并在标签建立区记录杂草的类型和标识号。若杂草在同一直线上，则按照从最远的标签到最近的标签顺序进行标记记录。若杂草在两条视野线上或在标签建立区内，杂草将不会被记录。在将两行杂草都标记完成后，将所摆的实际视野线移开，以免后续拍摄的图像中含有该线，不利于后期图像裁剪。这时，可以根据拍摄图像的像素位置来区分标签建立区。需要注意的是，没有必要记录标记在视野线条上或标签建立区域内的杂草，因为最终这个区域会被剪裁掉，并不会用于建立数据集，只利用中间区域建立数据集即可。使用这种数据采集方法，不会对中间区域的拍摄内容造成人为干扰，保证了构建的数据集符合自然工作状态。显然这种收集方法比其他方法更有效率。

步骤 B：采集平台包含两个 Kinect v2 深度传感器，可以同时采集两行的数据，平台的移动速度为 0.3m/s，Kinect v2 的拍摄速度设置为 30 帧/s。平台沿着视野线的轨迹进行直线移动，同时对杂草和标签的实况进行拍摄，以获得杂草的 RGB-D 信息与标签信息。

步骤 C：在采集平台通过采集区域后，工作人员用破坏性的方法获取杂草的地上部分，在电子天平上进行称重，并在标签上记录其地上鲜重。机器人在每行走 60m 后便会停下来，等待采集人员完成采集后再继续。这尽可能地避免了由于采集时间间隔而导致杂草的地上鲜重随时间的增加。

步骤 D：进行彩色与深度数据配准。使用 Kinect v2 for Windows SDK 2.0 包中的 MapColorFrameToDepthSpace 函数进行深度数据和 RGB 图像数据的配准，由于它们具有不同的分辨率（分别为 1920×1080 像素和 512×424 像素），所以深度数据需要被转换为 1920×1080 像素的分辨率，与 RGB 大小相同才可以形成 RGB-D 四通道数据。对配准后杂草的 RGB-D 数据进行裁剪，此时便得到一个 RGB-D 数据和杂草地上鲜重标签对应的数据集。在这个过程中，需要消除高度重叠的帧，过滤掉采集时模糊的图像。值得注意的是，由于 Kinect v2 上 RGB 传感器和深度传感器视角和分辨率的不同，在进行深度图像与 RGB 彩色图像配准后，深度图像边缘存在一定的缺失。但本研究由于只使用了中间的 1080×1080 像素区域，这种删除并不影响数据完整性。通过该方法进行数据获取可快速有效获得杂草地面 RGB-D 信息和地上鲜重的映射关系。

表 5-1 显示了获得数据集的日期、杂草数量和天气信息。为了保证数据集的多样性，数据采集周期为半个月，数据采集的空间范围几乎覆盖了整个试验区（60m×60m）。由于除草剂主要在晴朗的天气下使用，所以在雨天并未进行数据采集。数据每日采集时间为北京时间上午 7 点至 10 点。共收集了20274 张图片，其中每种杂草的地上鲜重数据集含有 1200 个样本。

表 5-1　数据集摘要

日期	采集图片数量/张	龙葵样本/个	苘麻样本/个	苣荬菜样本/个	天气
2020-5-15	2106	120	116	128	多云
2020-5-16	2453	134	133	137	多云
2020-5-18	1846	120	115	120	多云
2020-5-19	2152	124	108	124	多云

续表

日期	采集图片数量/张	龙葵样本/个	苘麻样本/个	苣荬菜样本/个	天气
2020-5-20	2386	126	122	122	多云
2020-5-21	1919	118	115	106	多云
2020-5-22	1052	75	94	95	多云
2020-5-23	1776	96	86	86	多云
2020-5-27	793	58	77	48	晴朗
2020-5-28	737	48	49	66	晴朗
2020-5-29	1816	96	96	85	晴朗
2020-5-30	1238	85	89	83	晴朗
总计	20274	1200	1200	1200	—

第二节　双流密集特征融合网络杂草鲜重检测模型搭建

一、双流密集特征融合网络模型技术路线

针对复杂田间环境下杂草的精准对靶施药任务，需要视觉模型进行杂草定位并估计其地上鲜重任务。本研究主要分两个步骤来进行定位和地上鲜重预测。首先，训练一个目标检测网络以确定田间杂草的种类和位置信息，然后，建立回归模型来预测检测到的杂草数据的地上鲜重。图 5-2 显示了预测杂草地上鲜重的技术路线。该技术路线首先将 Kinect v2 获得的 RGB-D 数据分为三通道 RGB 图像数据和单通道 D 深度数据，其次将 RGB 图像数据输入经过训练的 YOLOv4 模型中，得到杂草的分类和边界框坐标（目标杂草的位置坐标），再使用 k 近邻（KNN）算法填补单通道 D 深度数据的缺失值，并对 D 深度数据进行标准化处理，而后根据 YOLOv4 得到的边界框坐标，同时对 D 深度数据矩阵和 RGB 图像矩阵进行裁剪。最后一步是将每种杂草融合后的 RGB-D 数据输入训练好的特定双流密集特征融合模型中，得到杂草的地上鲜重。至此，目标杂草的检测和地上鲜重的预测任务已经完成。

本章所使用开发语言环境是 Python 3.7，CNN 构建框架采用的是 TensorFlow 2.0 GPU 版本。该模型在配置为 CPU 为 i7 8700K，显卡为 NVIDIA 2080Ti GPU 的服务器上进行了训练和测试。

农田除草机器人识别方法与装备创制

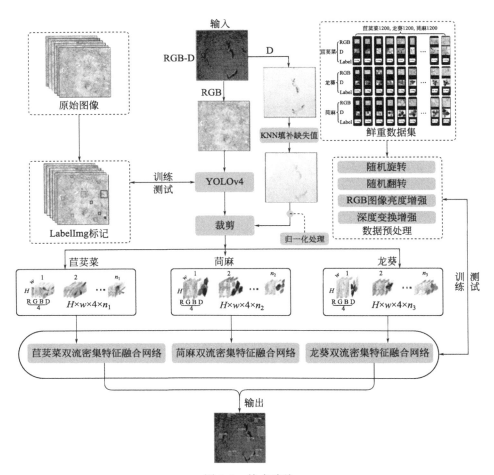

图 5-2　技术路线

注：图中虚线框内的内容代表本书所述模型的训练和测试过程，其他模块代表实现本研究功能的流程图。

二、KNN 技术填补缺失值

在野外田间自然环境下，Kinect v2 由于受到环境的干扰，获得的深度信息存在一定缺失值。为了弱化缺失值对地上鲜重预测的影响，使用 KNN 算法来处理缺失的深度值。这种方法的主要思想是选择与缺失值欧氏距离最近的几个点的平均值来替代缺失值。理论上缺失的深度值通常与附近的空间数据信息密切相关，所以使用 KNN 方法来填补它们较为合理。

三、构建 YOLOv4 杂草目标检测模型

本小节的目的是训练一个可以准确获得杂草种类和位置边界框信息的目标检测算法，为接下来的杂草地上鲜重预测打下基础，也就是提供下个模型的实际输入。YOLO 是一种一阶段的目标检测算法，其检测速度比二阶段网络（Faster R-CNN[75]）要快。YOLOv4[45] 在 YOLOv3[26] 的基础上引入了马赛克数据增强功能，优化了骨干网络、网络训练、激活函数和损失函数，使 YOLOv4 更快、更准确，并实现了现有目标检测框架的最佳平衡。该网络以 CSPDarknet53 为特征提取器，以路径聚合网络（PANet）为骨干网络综合提取特征，以 YOLOv3 为检测头，实现目标检测功能。

用 YOLOv4 进行杂草检测的主要步骤如下。①数据处理。图像采集过程中共采集了 20274 幅图像，通过目测的方法人为筛选检测的图像，删除了模糊的图像与视觉效果较差的图像，最后共选择了一组 7000 幅的图像数据。将 1920×1080 像素的 RGB-D 数据首先沿着数据采集过程中建立的标签线裁剪为 1080×1080 像素，再缩放为 540×540 像素矩阵，然后使用 LabelImg 软件[76] 来标记 RGB 图像。此数据集中共有 12116 个龙葵被标记，12623 个苘麻被标记，7332 个苣荬菜被标记。本研究共使用了两个数据集，分别是杂草的目标检测数据集以及后续的杂草鲜重估计数据集。为了区分两个数据集，将该数据集称为数据集 1，训练集被称为训练集 1，测试集被称为测试集 1。而另一个杂草鲜重估计数据集则被称为数据集 2，训练集被称为训练集 2，测试集被称为测试集 2。数据集 1 按 9∶1 的比例分为训练集（6300 张图片）和测试集（700 张图片）。②训练参数。考虑到服务器内存的限制，Batch Size 被设定为 8，学习率被设置为 0.001，分类被设置为 3 个类别，迭代次数被设置为 40000 次。在定义了模型参数后，对模型进行训练。

如图 5-3 显示了训练期间的损失曲线。除草模型的学习效率很高，训练曲线迅速收敛。随着训练的继续，训练曲线的斜率逐渐下降。最后，当训练迭代次数达到约 35000 次时，模型的学习效率逐渐达到饱和，损失在 0～1 的区间内波动。

四、双流密集特征融合网络模型构建

经过 YOLOv4 目标检测模型检测后，可获得目标的杂草种类和边界框坐

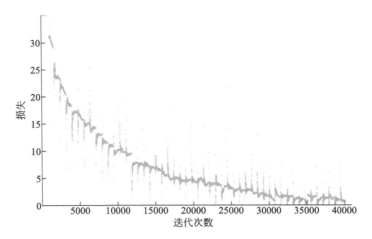

图 5-3　YOLOv4 杂草检测模型的损失曲线

标，即可根据目标杂草的坐标信息通过剪裁获得不同类型目标杂草的 RGB-D
信息。为了利用这些信息来预测杂草的鲜重，本研究提出了一个双流密集特征
融合网络模型。网络中的密集网络模块（NiN）可以根据网络深度进行模块化
移植。这种方法已经在 AlexNet[77]、VGG19[78]、Xception[79]、Res-net101
和 DenseNet201[80] 卷积神经网络上得到验证和测试，并且在 DenseNet201 上
取得了很好的回归效果。

如图 5-4 显示了以 DenseNet201 为主要组件的双流密集特征融合网络工作
的整体架构。在图中，Dense-NiN 模块被用来作为深度数据的特征提取器。
DenseNet201 的密集模块作为 RGB 信息的特征提取器，也接收由 Dense -NiN-
Block 提取的特征图，并与 RGB 融合。融合后的特征被送入全局平均池化层，
用于进行样本空间映射。最后，回归层为杂草输出新的权重回归数据。

双流密集特征融合网络的主要模块如下：

（1）Dense 模块　Dense 模块采用 DenseNet201 的设计结构，主要由
Dense-Block 结构组成，这种结构可以有效解决卷积神经网络工作过程中连续
卷积运算和下采样的问题，防止在传输过程中特征图被缩小，特征信息丢失。
Dense-Block 结构能更有效地利用特征信息。

图 5-5 显示了 DenseNet 的 Dense-Block 结构。它以前馈网络模式将每一层
与其他特征层连接起来，因此，l 层接收前面各层的所有特征图 $x_0, x_1, \cdots,$
x_{l-1} 作为输入。

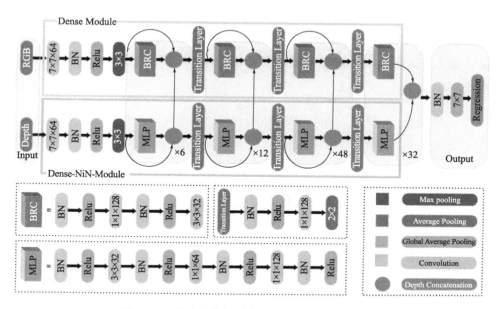

图 5-4　双流密集特征融合网络 DenseNet201 结构

注：图中的模块颜色与图右下角的颜色注释块相对应。批量归一化模块简写为 BN，线性整流单元简写为 Relu。

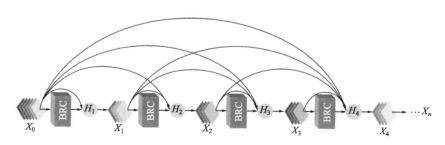

图 5-5　Dense-Block 结构

$$x_1 = H_l[x_0, x_1, \cdots, x_{l-1}] \tag{5-1}$$

式中，$[x_0, x_1, \cdots, x_{l-1}]$ 是各层 $x_0, x_1, \cdots, x_{l-1}$ 的特征图拼接；H_l 是一个用于处理拼接后特征图的函数。这使得 DenseNet 能够有效缓解梯度消失，加强特征传递，促进特征重用，并大大减少参数的数量。

（2）Dense-NiN-Module　采用深度数据矩阵主要的原因是深度矩阵可以表达的信息包括杂草的空间立体结构、相机与杂草的距离以及相机与地面的距离，所有这些信息对估计地面杂草的鲜重都有潜在的影响。使用一个更强大的非线性函数近似器代替 GLM 函数可以提高局部模型的抽象能力。使用多层感知器[81]（MLP）卷积代替普通卷积可以提高模型的抽象特征提取能力和非线性能力，这将非常适用于深度特征提取。MLP 卷积层进行的计算公式如式（5-2）。

$$f^{1}_{(i,j,k_1)} = \max(w^{1T}_{k_1} x_{(i,j)} + b_{k_1}, 0)$$
$$\cdots$$
$$f^{n}_{(i,j,k_n)} = \max(w^{nT}_{k_n} f^{(n-1)}_{(i,j)} + b_{k_n}, 0)$$

(5-2)

式中，(i,j) 是特征图中的像素索引；$x_{(i,j)}$ 代表以位置 (i,j) 为中心的输入补丁；k 用于索引特征图的通道；n 是 MLP 中的层数；w 表示卷积参数；b 表示卷积参数的偏置。在 MLP 中使用整流线性单元作为激活函数。Dense-NiN-Module 是由 Dense-NiN-Block 结构组成的。图 5-6 显示了 Dense-NiN-Block 结构将获得的深度特征通道图发送给 Dense-Block 结构的过程。该结构采用 MLP 作为深度特征过滤器，并借鉴了 DenseNet201 的思想，采用密集连接结构来增强模型的特征提取能力，来减少参数数量。该模型的基本单元是 MLP 卷积层，然后是深度串联特征融合层，进行特征图串联。然后，这些

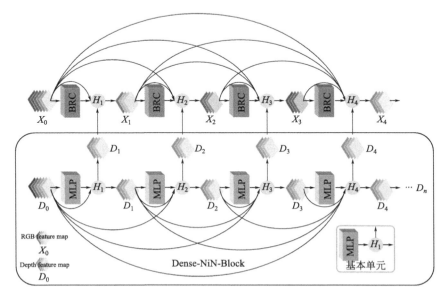

图 5-6　Dense-NiN-Block 结构将特征提取图发送至 Dense-Block 结构的过程

注：在这幅图中，方框内的内容表示 Dense-NiN-Block 结构。X_n 表示 RGB 流中每个卷积层输出的特征图。D_n 表示深度流中每个卷积层输出的特征图。H_n 代表特征图融合层。

特征被送到 RGB 深度特征融合层，其他特征被送到后续网络进行高维特征提取。该基本单元可以移植到现有的经典卷积神经网络中作为深度特征提取器。该模块的深度与网络的深度一致。

（3）Output Layer　图 5-7 显示了 YOLOv4 输出数据流的输出张量形式。在此时，三种杂草的数据流已经 YOLOv4 获得。由于每种杂草数据流的数量和数据大小都不是固定的，卷积神经网络受到全连接层的影响，所以无法应对不同大小的输入。通常的方法是将数据缩放到一个统一的尺寸作为输入。然而，对于本研究而言，如果对杂草图像进行简单的缩放，较小的杂草在放大后会显得较大，反之亦然。形状轮廓的大小变化明显会对杂草鲜重的估计产生影响。

针对这个问题，设计采用全局平均池化层来代替 DenseNet201 的全连接层，用来处理不同大小的输入。回归层采用均方误差损失（MSE）作为损失函数，其公式如式（5-3）所示。

$$MSE = \sum_{i=1}^{R} \frac{(t_i - y_i)^2}{R} \tag{5-3}$$

式中，R 是响应的数量；t_i 是目标输出；y_i 是网络对响应 i 的预测。

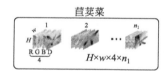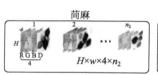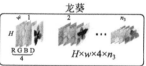

图 5-7　YOLOv4 输出数据流

注：在此图中，$H \times w \times 4 \times n$，$H$、$w$ 表示检测到的每个杂草的裁剪图像的分辨率大小，4 表示 RGB-D 通道的数量，n 表示图片中每种杂草的数量不同，n_1、n_2、n_3 用来表示数量。

（4）网络训练　在进行网络结构搭建后需进行网络训练。基于双流密集特征融合网络，估计杂草鲜重的训练主要步骤如下：

① 数据增强。本研究提出了一种适用于深度矩阵的全新的数据增强方法，称为深度变换增强。这种方法的主要思想是模拟现场摄像机与地面之间距离的波动，如图 5-8 所示。如图 5-8（a）所示，当 l 为负数时，摄像机离地面更近，目标杂草在图像中显示更大；当 l 为正时，摄像机离地面更远，目标杂草在图像中显示得更小。如图 5-8（b）所示，尺寸和深度信息的值可以根据距离

的波动性来改变，用以增强数据。当深度值全局增加或减少时，图像将根据比例系数进行缩放。公式如式（5-4）所示。

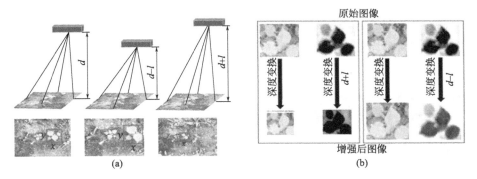

图 5-8　深度变换增强示意图

注：图中的参数与式（5-4）一致。图 5-8（a）显示了图片在高、中、低状态下的成像效果。在图 5-8（b）中，上半部分的数据代表原始数据，下半部分的数据代表增强后的数据。从变化中可以清楚地看到 RGB 图像的大小变化。在 D 矩阵的值中，D 矩阵的值越大，颜色越深。

$$\frac{x}{w} = \frac{f_x}{d+l}$$

$$\frac{y}{h} = \frac{f_y}{d+l}$$

$$(5\text{-}4)$$

式中，x 是目标的像素长度；y 是目标的像素宽度；d 是摄像机的安装高度（本研究为 800mm）；l 是一个波动值，本研究中选择的波动范围是 ±50 以内的整数；f_x 和 f_y 对应相机的两个焦距；w 代表目标杂草的实际长度；h 代表目标杂草的实际宽度。

联合上述开发的数据增强方法，共计四种增强方法如下：a.随机旋转 90°、180°或 270°；b.随机垂直或水平翻转；c.为了使数据更适应光线的波动，随机地将 RGB 数据的亮度增加或减少 10％；d.进行随机深度变换。

② 训练参数。深度学习框架都是在 GPU 上训练的，通常情况下输入的图像（批次大小×通道数×图像高度×图像宽度）被放入一个指定的张量中，并被发送到 GPU 上。不同大小的图像不能形成一个统一的张量，所以在本研究中，批次大小被设置为 1，每张图像作为一个单独的张量被发送到 GPU 进行训练。学习率被设定为 0.001，并使用 Adam 作为优化器，迭代次数被设定为 10000 次。

第三节　双流密集特征融合网络杂草鲜重
检测模型试验与结果分析

一、网络模型评价指标

（1）AP 和 mAP　平均精度（AP）用于计算某一类别中 PR 曲线的面积，平均精度的平均值（mAP）是所有类别中 PR 曲线面积的平均值。AP 和 mAP 的值越大，网络检测杂草的综合性能就越好。

（2）IOU　交并比（也叫交叉联合，IOU）是一个用于定义目标物体检测精度的标准。IOU 通过计算预测边界框和真实边界框之间的重叠率来评估模型的性能。IOU 值越高，检测到杂草的边界框和原始标记之间的重叠越大。mIOU 是所有测试结果的平均 IOU。其公式如式（5-5）所示。

$$IOU = \frac{S_{overlap}}{S_{union}} \tag{5-5}$$

式中，$S_{overlap}$ 是预测框和真实框的交叉面积；S_{union} 是两个框的联合面积。

为了验证该算法的性能，均方根误差（RMSE）和 R^2 被用作评价指标。公式如式（5-6）、式（5-7）所示。

$$RMSE = \sqrt{\frac{1}{m}\sum_{i=1}^{m}(y_i - \hat{y}_t)^2} \tag{5-6}$$

$$R^2 = 1 - \frac{\sum_i^n (\hat{y}_i - y_i)^2}{\sum_i^n (\bar{y}_l - y_i)^2} \tag{5-7}$$

式中，n 是数据样本数；y_i 是第 i 个样本的测量值；$\hat{y}_i$ 是第 i 个样本的模型估计值；$\bar{y}_l$ 是测量值的平均值。

二、技术路线结果与分析

本章提出的技术路线的主要思路是利用 YOLOv4 对目标杂草进行种类辨

别和位置获取，然后将得到的杂草位置坐标按杂草类别发送到相应的双流密集特征融合网络中，来预测其地上鲜重。本研究提出模型的 mAP（IOU 值为 0.5）为 75.34%，mIOU 为 86.36%。当把 YOLOv4 与改进的、最快的双流密集特征融合网络（AlexNet）模型相结合时，预测速度为 17.8 帧/s。测试集中杂草的鲜重预测平均相对误差约为 4%。该模型可以为精准变量对靶施药平台提供良好的技术支持。

三、YOLOv4 与其他目标检测算法结果对比

本章为了寻找最适合杂草检测的卷积神经网络，将 YOLOv4 模型与同样先进的 Faster R-CNN、SSD、YOLOv5x 和 M2DNet[82] 网络进行比较。目标检测网络可以分为两个主要类别：一阶段目标检测网络和二阶段目标检测网络。选择这四个网络进行比较的原因是 YOLOv4、YOLOv5x、SSD 和 M2DNet 是不同类型的典型代表性一阶段网络，其性能相对先进。Faster R-CNN 网络是一个典型的二阶段网络，也表现出先进的性能。因此，比较了这四种类型的网络在杂草检测问题上的性能优势。表 5-2 显示了模型的 mAP 数（mAP 是在 IOU 值为 0.5 时得到的）、mIOU 值和平均检测时间。

表 5-2 网络比较结果

模型	M2DNet	SSD	Faster R-CNN	YOLOv5x	YOLOv4
mAP/%	69.41	64.36	71.23	73.23	75.34
mIOU/%	84.24	82.63	86.33	85.62	86.36
平均检测时间/s	0.126	0.192	0.238	0.016	0.033

在表 5-2 网络比较结果中，YOLOv4 的 mAP 得分是 0.7534，高于其他四个模型的得分；YOLOv4 的 mIOU 值为 0.8636，同样高于其他四个模型；YOLOv4 的平均检测时间是 0.033s，比其他三个模型快，然而与 YOLOv5x 相比，YOLOv4 的检测速度较慢。在测试集 1 中，YOLOv4 所检测到苣荬菜的最小像素尺寸为 14×16，检测到苘麻的最小像素尺寸为 8×10，检测到龙葵的最小像素尺寸为 7×11，由此可以看出 YOLOv4 对小目标杂草同样具备检测能力。

四、嵌入 Dense-NiN 模块回归网络结果比较

在描述该模型时，Dense-NiN 模块可以嵌入典型的卷积神经网络中。在嵌

入的 VGG19 和 AlexNet 网络中，在每个池化层之后添加一个深度特征融合层来接收 Dense-NiN-Block 模块的输出。在 Inception-V3 和 ResNet-101 中，在网络融合层之前加入 Dense-NiN-Block 模块，DenseNet201 的结构已在上文描述，其中每个杂草物种的测试集 2 的数量为 300。本研究整合了 Dense-NiN 模块的 ResNet-101、VGG19、Inception-V3、AlexNet 和 DenseNet201 网络进行比较，以选择最佳拟合的模型。

为了比较杂草种类对检测结果的影响，使用了三个杂草物种，即苘麻、龙葵和苣荬菜，单独作为训练集来训练卷积神经网络。同时，这三个杂草物种也被合并为一个数据集来训练模型（称为全部）。此外，为了在使用卷积网络进行鲜重预测时比较 RGB-D 信息和 RGB 信息的性能差异，将 RGB 图像数据和 RGB-D 深度数据分别作为网络训练的输入进行对比。本研究提出的双流密集融合网络架构使用 RGB-D 信息进行训练，RGB 图像直接用于这五个网络的默认网络结构，原网络的输出模块只需要替换成本研究提出的输出模块就可以实现新的回归。训练模型的 RMSE 见图 5-9，R^2 值见表 5-3，平均时间（s）见表 5-4。

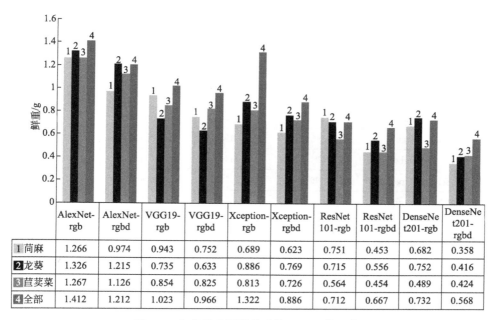

		AlexNet-rgb	AlexNet-rgbd	VGG19-rgb	VGG19-rgbd	Xception-rgb	Xception-rgbd	ResNet101-rgb	ResNet101-rgbd	DenseNet201-rgb	DenseNet201-rgbd
1	苘麻	1.266	0.974	0.943	0.752	0.689	0.623	0.751	0.453	0.682	0.358
2	龙葵	1.326	1.215	0.735	0.633	0.886	0.769	0.715	0.556	0.752	0.416
3	苣荬菜	1.267	1.126	0.854	0.825	0.813	0.726	0.564	0.454	0.489	0.424
4	全部	1.412	1.212	1.023	0.966	1.322	0.886	0.712	0.667	0.732	0.568

图 5-9　杂草鲜重预测模型的 RMSE 值比较

表 5-3 网络 R^2 结果

模型	苘麻 R^2	龙葵 R^2	苣荬菜 R^2	全部 R^2
AlexNet-rgb	0.8515	0.8327	0.8322	0.7541
AlexNet-rgbd	0.8622	0.8742	0.8414	0.7836
VGG19-rgb	0.8721	0.8856	0.8653	0.7621
VGG19-rgbd	0.8826	0.8943	0.8699	0.7834
Xception-rgb	0.9132	0.9018	0.9015	0.7562
Xception-rgbd	0.9144	0.9126	0.9113	0.8314
ResNet101-rgb	0.9314	0.9142	0.9154	0.8734
ResNet101-rgbd	0.9526	0.9534	0.9336	0.8852
DenseNet201-rgb	0.9674	0.9751	0.9465	0.9154
DenseNet201-rgbd	0.9917	0.9921	0.9885	0.9433

表 5-4 网络平均检测时间结果

模型	平均检测时间/s			
	苘麻	龙葵	苣荬菜	全部
AlexNet-rgb	0.0138	0.0113	0.0127	0.0122
AlexNet-rgbd	0.0246	0.0225	0.0233	0.0235
VGG19-rgb	0.0133	0.0125	0.0196	0.0158
VGG19-rgbd	0.0326	0.0247	0.0296	0.0311
Xception-rgb	0.0267	0.0226	0.0237	0.0259
Xception-rgbd	0.0442	0.0426	0.0394	0.0463
ResNet101-rgb	0.0348	0.0313	0.0333	0.0329
ResNet101-rgbd	0.0622	0.0636	0.0624	0.0618
DenseNet201-rgb	0.0496	0.0454	0.0441	0.0456
DenseNet201-rgbd	0.0879	0.0821	0.0895	0.0846
平均值	0.0390	0.0359	0.0378	0.0380

　　上述结果表明，在所有的预测网络中，使用 RGB-D 数据作为输入获得的准确度均要高于使用 RGB 作为输入获得的准确度，这表明 RBG-D 立体数据确实可以提供更多的信息用于杂草鲜重评估。然而使用 RBG-D 数据时，预测速度通常会下降，这是因为使用 RGB-D 数据的双流密集特征融合网络引入了更密集的卷积结构，增加了权重，从而导致速度下降。在对三种杂草地上鲜重的

回归测试中，双流密集融合网络（DenseNet201-rgbd）的 RMSE 中苘麻为 0.358，龙葵为 0.416，苣荬菜为 0.424。其中值得注意的是，与其他两种杂草相比，苣荬菜使用 RGB-D 深度数据和 RGB 数据的预测结果更接近，在下文中提供了具体分析。所有杂草共同组成的数据集训练模型测试的 RMSE 值为 0.568。使用该模型训练的三个地上鲜重预测模型的 RMSE 值都低于直接训练的所有杂草模型的 RMSE 值，证明了分别训练的结果优于共同训练。因此，使用 YOLOv4 确定目标杂草后，自适应地选择一个独立成功训练单独杂草种类的网络，其性能将优于用所有杂草作为训练集的网络模型。双流密集融合网络（DenseNet201-rgbd）苘麻的 R^2 值为 0.9917，龙葵的 R^2 值为 0.9921，而苣荬菜的 R^2 值为 0.9885，证明此网络具有良好的拟合能力。根据 YOLOv4 输出的杂草类型选择相应的模型并不会影响模型速度。

检测模型的精度越高，速度就越慢，如果想要更高的精度，必须在一定程度上牺牲速度。当环境中的杂草密度很高时，模型的准确性可能会降低，可以选择更快的模型。值得注意的是，每个模型的平均检测速度是：龙葵为 0.0359，苣荬菜为 0.0378，苘麻为 0.0390。这是由杂草测试集 2 中的图像分辨率不均匀造成的。通过计算测试集 2 中三种杂草的平均图像大小，龙葵图像的平均分辨率是 104×108，苘麻图像的平均分辨率是 166×175，苣荬菜图像的平均分辨率是 150×158，发现分辨率的平均大小是影响网络速度的主要原因。因此，在双流密集特征融合网络的训练过程中按比例地减小图像尺寸，在预测过程中以同样的比例减小图像尺寸，有助于提高模型的效率。

在实际的农业应用中，国家标准（GB/T 36007—2018）规定，田间除草机器人的运行速度应该在 $0.4 \sim 0.5 \text{m/s}$。机器人可以在符合国家标准的情况下，通过 RGB-D 实时有效地运行。值得注意的是，YOLOv5x 的速度非常快，虽然没有 YOLOv4 那么精确，但体积更小，使我们更容易部署到边缘计算设备。在工作中仍然需要评估 YOLOv4 和 YOLOv5x 在边缘计算设备（如 Jetson AGX Xavier）上的具体性能。

五、不同数据增强方法影响

为了验证四种数据增强方法在训练模型中的影响，采用控制变量法，每次删除一种数据增强方法，并得到 RMSE 值，结果如表 5-5 所示。

表 5-5　数据增强控制变量比较

数据增强方法	苘麻 RMSE	龙葵 RMSE	苣荬菜 RMSE	平均值
所有增强方法共同增强	0.358	0.416	0.424	0.400
去掉随机旋转	0.386	0.479	0.491	0.452
去掉随机翻转	0.401	0.496	0.453	0.450
去掉 RGB 亮度变换上下限 10%	0.452	0.531	0.562	0.515
去掉深度变换增强	0.504	0.566	0.516	0.529

　　根据实验结果，随机旋转和随机翻转对模型的影响有限，但放弃使用这两种方法仍会降低预测精度。去除随机旋转会使模型的平均 RMSE 增加 0.052，去除随机翻转会使模型的平均 RMSE 增加 0.050。去除亮度增强转换的结果比使用所有增强方法的 RMSE 值高 0.115。深度变换增强功能可以帮助模型适应不平整的地面。深度增强大大改善了检测模型的性能。如果排除这种方法，检测模型的 RMSE 值会增加 0.129。因此，本研究开发的深度转换增强方法有助于提高模型的性能。

六、双流密集特征融合网络受生长时期和杂草种类影响结果分析

　　为了比较 RGB 网络和 RGB-D 网络（DenseNet201-rgb 和 DenseNet201-rgbd）对不同时期杂草的鲜重预测结果，根据测试集的质量分布，将三种杂草的鲜重由小到大进行分类。每五十个相邻杂草被视为一个阶段，分析中考虑了六个（A、B、C、D、E 和 F）阶段。图 5-10 显示了三种杂草的实际预测结果。

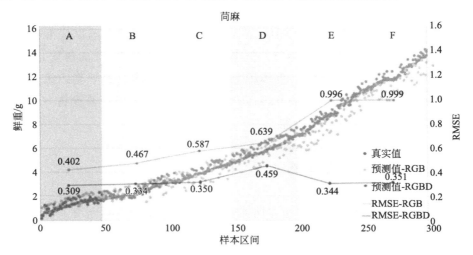

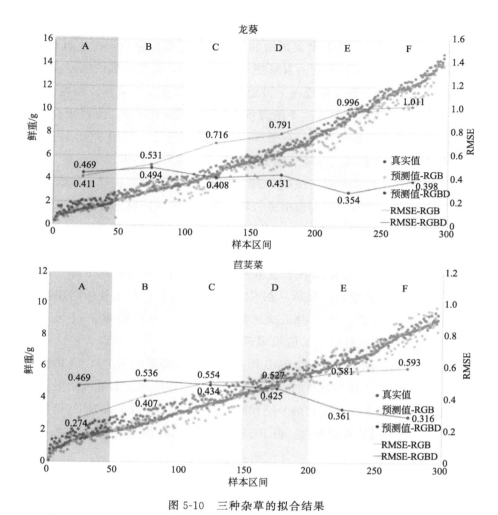

图 5-10　三种杂草的拟合结果

　　注：A、B、C、D、E、F 代表每种杂草的鲜重从小到大的六个阶段，每个阶段包含 50 个杂草。在散点图中，黄点代表使用 DenseNet201-rgb 的预测鲜重值，绿点代表使用 DenseNet201-rgbd 的预测鲜重值。在折线图中，蓝点代表在这个阶段使用 DenseNet201-rgb 预测的平均 RMSE 值。红点表示在这个阶段由 DenseNet201-rgbd 预测的平均 RMSE 值。

　　比较使用 RGB 数据作为输入的平均 RMSE 值和以 RGB-D 数据作为输入的平均 RMSE 值可以看出，在 A 和 B 阶段，苘麻的 RMSE 值增加了 0.113，龙葵减少了 0.011，苋荬菜减少了 0.162。在这两个阶段使用 RGB-D 数据的优势并不明显。在 C 和 D 阶段，苘麻的 RMSE 增加了 0.209，龙葵增加了 0.334，苋荬菜增加了 0.111。苘麻和龙葵的 RMSE 明显增加，而苋荬菜的 RMSE 增加的幅度相对较小。在 E 和 F 阶段，苘麻杂草的 RMSE 增加了

0.650，龙葵增加了 0.628，苘麻增加了 0.249。与前四个阶段相比，苘麻和龙葵的 RMSE 增加较多，而苣荬菜的增加仍然较少。总而言之，在使用 RGB-D 图像作为输入时，苘麻和龙葵的 RMSE 值逐渐增加，而且增加的幅度也增大。虽然苣荬菜的 RMSE 值也呈现出上升趋势，但总体波动非常小。而苣荬菜在使用 RGB 作为网络输入时，六个阶段的杂草预测值的 RMSE 值都略有波动，甚至呈现下降趋势。结果表明，在杂草生长的后期阶段，使用 RGB-D 作为网络输入比使用 RGB 作为网络输入能提供更稳定和准确的结果。

在杂草生长的早期阶段，使用 RGB 和 RGB-D 作为输入获得的性能大致相同。这表明在早期阶段，回归模型更依赖于植物的俯视区域进行回归预测。这时杂草非常矮小，所以使用 RGB 和 RGB-D 的回归预测结果几乎相同。在生长阶段，随着杂草逐渐长高，茎部占杂草重量一定比例，植物的高度无法从 RGB 图像中获得，使用 RGB 图像获得的预测结果的准确性开始下降。杂草实际重量和预测鲜重的散点图显示，在 RGB 预测过程中，在生长后期预测的鲜重值通常低于实际值。这是由于缺乏高度信息，预测的鲜重值过低。因此 RGB-D 模型在杂草的后续生长阶段表现出更好的稳定性。然而，在这六个阶段中，苣荬菜在使用 RGB-D 和 RGB 图像时所获得结果的 RMSE 值并没有很大变化。分析是由于这类杂草的生长高度较低，它们的地上鲜重可能更多地取决于它们的顶视面积。在生长的早期和晚期，使用 RGB 数据或 RGB-D 数据预估的 RMSE 值之间的差异不大，但 RGB-D 仍然提供了更好的拟合效果。

七、杂草鲜重与 IOU 值关系

在这项研究训练网络过程中，使用了人工剪裁的方式来创建数据集 2。然而，当使用双流密集特征融合网络模型时，YOLOv4 模型的输出实际上与人工裁剪两者之间存在着一定的差异。这种差异具体体现在 IOU 值上，所以为了准确反映人工剪裁和 YOLOv4 输出数据对鲜重预测准确性的影响，比较了不同 mIOU 值下的 RMSE 值以反映准确性的差异。结果显示在表 5-6 中。

表 5-6　mIOU 对 RMSE 值的影响

mIOU	苘麻 RMSE	龙葵 RMSE	苣荬菜 RMSE
90%～100%	0.026	0.014	0.023
80%～90%	0.038	0.021	0.036

mIOU	苘麻 RMSE	龙葵 RMSE	苣荬菜 RMSE
70%～80%	0.061	0.016	0.057
60%～70%	0.087	0.054	0.089
50%～60%	0.112	0.067	0.093
平均	0.065	0.034	0.060

上述结果表明，mIOU 值会对预测结果产生轻微影响。当 mIOU 值大于50%时，使用 YOLOv4 网络输出结果作为双流密集特征融合网络输入和使用人工裁剪结果作为输入的三种杂草的 RMSE 值分别为 0.065、0.034 和 0.060，显示差异不大。然而，随着 mIOU 值的减少，RMSE 值逐渐增加，网络预测精度也随之下降。此结果表明，IOU 值会影响双流密集特征融合网络的准确性。在本章中，YOLOv4 的 IOU 阈值被选为 0.5。显然适当提高 IOU 阈值可以使网络拟合效果更加准确。

八、杂草相互遮挡影响结果分析

在玉米种植的早期阶段，杂草很小，很少存在相互覆盖的现象，所以在这一时期，单个杂草很容易区分。然而，随着杂草的不断生长，它们之间的重叠程度增加，要区分它们就变得更加困难。YOLOv4 可以识别有一定程度重叠的杂草，但仍可能发生错误识别。错误识别大致可以分为以下三种情况（如图 5-11 所示）：①当杂草相互覆盖时，网络将它们识别成统一的个体，如红色边界框所示；②当杂草相互覆盖时，网络只识别出杂草的一部分，而不是整株杂草，如紫色边界框所示；③当杂草相互遮挡时，杂草无法被检测到，如图 5-11 (a) 中的黑色箭头所示。

图 5-11 (a) 显示了第一种情况，两株杂草由于相互覆盖而被认定为一种。苣荬菜是一种主要依赖其根部进行繁殖的杂草物种，通常在同一个根上容易产生出多个地上部分，所以该种杂草的地上部分通常有相当大的重叠，并彼此靠近。因此，在检测过程中很容易发生错误。图 5-11 (b)、(c) 显示了龙葵和苘麻的相互遮挡情况。与苣荬菜不同，龙葵和苘麻有明显的个体特征，不共享同一根系，而且通常相距较远。即使存在相互遮挡的现象，也可以实现部分识别，但上述问题仍然存在。这些问题都将影响后续地上鲜重预测的准确性。第一类错误将导致所提供的杂草鲜重数据呈斑块状，第二类由于杂草部分被遮

挡，所以将导致预测值过小。然而，本视觉模型的开发目的是为精准变量对靶施药技术提供视觉支持，所以除了第三种类型的识别遗漏具有少量误差外，本研究中另外两种错误引起的误差对变量除草剂应用的影响不大。

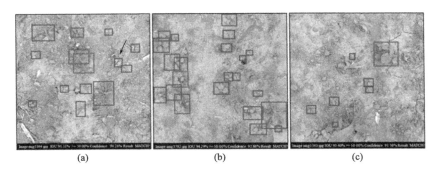

图 5-11　杂草不同情况遮挡示意图

注：绿色边界框代表正确识别的杂草。红色边界框表示将几株杂草识别为一株杂草。紫色边界框表示网络只识别了杂草的部分。黑色箭头表示由于遮挡而没有检测到的杂草。

第四节　对靶施药除草机器人单元创制

本章搭建精准变量对靶施药单元试验平台，通过本章所开发的基于双流特征密集融合网络的杂草鲜重检测模型来获取田间杂草的位置与地上鲜重输入，将信号传递给控制系统使之与机械系统进行联动配合，验证开发的视觉算法在实际应用平台上的检测能力。

一、机器人移动平台搭建

机器人移动平台是本实验团队参考国内外大量田间机器人结构，依托农田机器人开发标准，经多年开发成形的。将精准变量对靶施药系统挂载在机车下方，进行作业。该移动平台相关参数参考前文中移动平台参数。

二、除草单元整体结构设计

为满足田间变量对靶施药需求，本研究将执行单元划分为 5 个模块，分别为药液供给单元、状态检测单元、视觉处理单元、主控单元、药液喷施单元。

各单元协同配合，图 5-12 显示了单元间的配合关系。

　　单元各部分组成具体如下。①药液供给单元：主要由气泵和药箱两部分组成，药箱作为除草剂的容器为气雾喷头提供药液来源，喷头采用的是气雾喷头，气泵为气泵喷头提供气压，使其喷射雾状药液。②状态检测单元：该单元是本系统的重要信息反馈单元，其中电磁流量计可监测气雾喷头所喷施的药液流量，以便判别剂量是否精准有效；位移传感器与同步带滑台相连接，反馈同步带滑台所处的位置以及记录运动是否精确，方便研究人员及时进行调整。③视觉处理单元：该单元采用上文所述算法对杂草的位置和地上鲜重信息进行预测，由 Kinect v2 进行信息获取，预测模型得到结果，将结果信息传递给主控单元，从而进行系统的控制决策。④主控单元：主控单元负责与视觉处理单元进行交互，获取信息指令，并接收位移传感器和电磁流量计的反馈信息；另外该单元作为电磁阀和同步带滑台的主控程序，控制同步带滑台启、动、停指令和电磁阀 PWM 频率。⑤药液喷施单元：药液喷施单元主要由气雾喷头、电磁阀以及同步带滑台组成，气雾喷头安装在同步带滑台上，当发现杂草目标时，同步带滑台携气雾喷头运动到靶标区域形成喷洒。

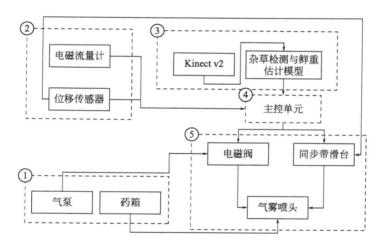

图 5-12　对靶施药单元整体设计方案示意图

1—药液供给单元；2—状态检测单元；3—视觉处理单元；4—主控单元；5—药液喷施单元

三、机械系统硬件选型与布控

　　图 5-13 显示了精准变量对靶施药平台的虚拟样机结构，主要由机架、外

壳板、控制箱、电源口、电源复位等开关组、电磁阀、位移传感器、同步带滑台模组、支撑架及气雾喷头等结构组成。

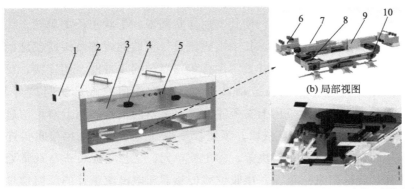

(a) 虚拟样机结构   (c) 局部视图[角度同(a)中箭头所指方向]

图 5-13 精准变量对靶施药平台虚拟样机结构
1—机架；2—外壳板；3—控制箱；4—电源口；5—电源复位等开关组；6—电磁阀；
7—位移传感器；8—同步带滑台模组；9—支撑架；10—气雾喷头

硬件选型情况如下：

（1）机架、外壳板与支撑架 机架采用 30mm 的方钢焊接而成，由于该机器工作时有大量雾滴喷出，故外壳板材料使用 2mm 的 304 不锈钢采用氩弧焊的方式焊接而成，支撑架同样采用 304 不锈钢。本研究所使用的精密传感器和单元模组质量较轻，远远小于机架的载荷极限。故该结构能良好地承担各单元的承载任务。

（2）电磁阀 本研究需要通过电磁阀的高频响应来分别进行流量控制，故所采用电磁阀为两位两通高频气动电磁阀，共 6 个，分别负责 6 个气雾喷头的通气管路。采用每 3 个作为一组的方式进行固定。其关键参数如表 5-7 所示。

表 5-7 电磁阀关键参数表

名称	参数
控制方式	DIRECT，PFM，PNM，PWM
供电电压	24V DC
压力环境	0.15～0.8MPa
开启延迟	0.03s
关闭延迟	0.03s

（3）同步带滑台模组　由于本研究需要使用同步带滑台对喷头进行挂载，在上位机下达指令时，滑台需要迅速做出反应并到达指定位置，这也就要求滑台须具有一定的快速移动能力、负载能力及精度。共有两个同步带滑台模组被应用在本项研究中，其关键参数如表 5-8 所示。

表 5-8　同步带滑台模组关键参数表

名称	参数
导程	30mm
精度	0.05mm
最大负载	0~10kg
供电电压	24V DC
最大移动速度	200mm/s

（4）位移传感器　位移传感器用来实时判断各喷头所处位置，并将位置反馈给单片机后再反馈给视觉系统，视觉系统根据此位置给出下一输出脉冲。其关键参数如表 5-9 所示。

表 5-9　位移传感器关键参数表

名称	参数
线性精度	0.06~10.15mm
有限行程	150mm
最大工作速度	10m/s
供电电压	5V DC

（5）气雾喷头　由于本研究进行的是精准变量对靶施药田间作业，所以要求喷头不能采用传统农业所用的雾化锥角大并且喷洒频率慢的农业喷头，而采用喷头的锥角具有一定可调节功能的喷头。气雾喷头具有液滴颗粒小、响应速度快、减少雾滴漂移等优点，故本研究选用了 ST-5 自动喷头，其关键参数如表 5-10 所示。

表 5-10　气雾喷头关键参数表

名称	参数
标准口径	1.3mm
锥角幅度范围	10°~60°

名称	参数
工作压力	3~4bar①
喷涂距离	200mm

① 1bar=10⁵Pa。

四、施药控制策略制定与系统搭建

1. 对靶信息转换与脉冲传递

本章研究的是由视觉系统进行杂草位置信息和地上鲜重信息获取同时转换成相应的除草剂剂量，并由控制系统传递给机械系统实现联动，其中涉及步进电机的精确控制与PWM模块的高频触发，需对控制系统进行设计。

在视觉系统中已经对秧苗的像素坐标和地上鲜重信息进行了获取，但为了传递给控制系统还需将像素坐标映射到世界坐标系中，进而实现对喷头的控制响应。

另一方面，本研究的施药模式为变量施药模式，其中改变气雾喷头流量的具体模式主要分为三种：流量调节式、压力调节式，以及从水箱源头直接采用不同浓度梯度注入除草剂的方式。本研究采用流量调节式进行气雾喷头的流量调节。控制系统接收视觉系统给予的PWM占空比信息，用来控制电磁阀电平转换。其主要思想为由视觉系统获得鲜重信息，确定鲜重范围即可判断除草剂推荐剂量，并给出对应的占空比信息发送给控制系统，后由电磁流量计将实际流量反馈给视觉系统加以记录。上述两种信息均通过串口通信的方式进行信息交互。

2. 控制策略

对国内外现状进行研究，总结精准变量对靶施药机器人的普遍控制策略，发现其主要思想是通过上位机进行杂草的位置参数获取，而后控制该株杂草所在位置的末端执行喷头进行喷洒。

图5-14展示了末端执行器的空间布局和区域划分情况，将视觉系统所能捕获的视野区域平均划分到末端执行器上，分为六个执行区域（A~F），每个执行区域拥有一个喷头（1~6），这样设计可以保证每个喷头可在该区域内快

速移动，同时相较于全覆盖式的杂草喷洒策略，该设计可以保证喷头落在杂草的正上方中心区域内，更好地保证除草剂的施药效果。

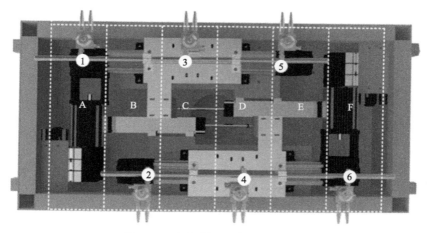

图 5-14　喷头喷洒区域划分示意图
注：1～6 为本研究采用的 6 个喷头，A～F 为各喷头管控区域。

在进行精准变量对靶施药作业时，在药箱中配制好研究需要的除草剂浓度，而后由药液输送管道与气雾喷头液体输入口相连，同时打开气泵与气雾喷头相连。电磁阀处于常闭状态，电磁阀经 PWM 模块控制高频开闭实现对靶施药作业。其控制单元的主要流程如图 5-15 所示。开始视觉检测模型启动，若无杂草目标则进行持续检测；若有杂草目标则获得该目标的所属区域，识别杂草中心坐标、杂草种类和杂草鲜重信息。根据杂草的所属区域和杂草坐标判断输入属于所管辖区域编号，根据位移传感器反馈的当前位置，确定到达该目标区域所传输的同步带滑台模组的电机脉冲，并进行相应喷头编号调动准备。同时根据杂草的种类和地上鲜重判断所需的 PWM 频率，将上述三种信息流输入给控制系统来对电机进行移动和进行气雾喷头的喷洒工作。在整个过程中，位移传感器用来获取同步带滑台的实时位置并通过控制系统将信息反馈给视觉系统，以帮助视觉系统锁定滑台位置，满足接下来的信息传递。

3. 控制系统硬件选型与布控

本研究视觉系统采用英伟达 Jetson AGX Xavier 充当边缘端运算核心组件，该设备的图形处理器带有张量核心的 512 核 Volta GPU，CPU 为 8 核 ARM64 位 CPU，并含有深度学习加速模块，为复杂的卷积运算提供算力基

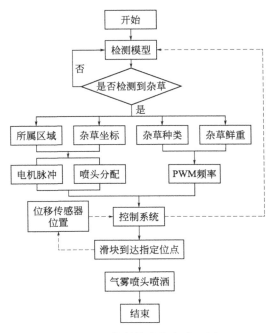

图 5-15　控制策略执行流程图

础。控制系统的主控芯片采用 STM32F407 单片机，该单片机是由 STMicroe-lectronic 公司开发的 32 位微处理器集成电路，其内核是 Arm 的 Cortex 架构，I/O 口众多，运算效率快，可以满足本系统设计要求。串口通信模块 CH340 采用 RS232 接口进行信息交互。电机驱动器为 DM542 驱动器，细分为 1～28。

　　控制系统的总体线路连接。其中供电系统的供电线路，由 60V 锂电池经逆变器将电压转换为 220V，为视觉采集设备 Kinect v2 和 Jetson AGX Xavier 进行供电。24V 锂电池为电机驱动器和电机供电，同时与 PWM 模块和电磁阀进行连接，PWM 受单片机控制进而控制电磁阀电源开闭频次。5V 充电宝为单片机供电从而对电路进行控制。将 Kinect v2 经 USB3.0 线与 Jetson AGX Xavier 相连接，Jetson AGX Xavier 便可以获取 Kinect v2 实时采集的 RGB-D 数据并进行视觉系统运算。Jetson AGX Xavier 和 STM32 单片机通过 USB 转 TTL 接口进行串口通信，用以接收视觉系统下达的指令信息。STM32 作为主控芯片对步进电机驱动器进行控制，从而控制同步带滑台移动至目标区域。同时对 PWM 进行控制用以改变电磁阀通电频率，进而改变气雾喷头流量。位移传感器和同步带滑台相连接，可向 STM32 实时反馈同步带滑台所处位置。

第五节　对靶施药除草机器人田间试验与分析

植物生理学已经阐述了除草剂的施用剂量与杂草鲜重密切相关，但缺少相关的定量研究来为田间喷洒进行指导。除草剂与杂草鲜重的量化关系是开展精准对靶施药技术的基础科学性研究，本章将针对龙葵、苘麻、苣荬菜三种杂草设计田间除草剂剂量试验，其目的是确定杂草的鲜重与除草剂喷洒剂量的关系。

一、除草剂与杂草鲜重量化关系试验设计与分析

1. 除草剂与杂草鲜重量化关系试验

本小节选取的试验地点为哈尔滨香坊农场进行除草剂定量试验，杂草品种为在玉米 3～5 叶期的龙葵、苣荬菜和苘麻三种杂草，在上文的视觉模型研究中，苘麻地上鲜重的大致范围为 0～14g，龙葵为 0～12g，苣荬菜为 0～10g。这是在农田实际环境下随机测算的杂草地上鲜重范围，符合农田实际作业情况。故对此三种鲜重范围内的杂草进行试验，由于本研究的目的主要是验证视觉模型在田间精准变量对靶施药过程的实际应用效果，故仅将每组试验对象的地上鲜重范围定义为 0～10g 进行验证即可，将鲜重范围每 2g 间隔定义为一个试验变量区间，在同一区间内的杂草同属一个鲜重梯度范围。也就是将试验变量划分为 15 组，每种杂草的地上鲜重梯度范围分别为 0～2g、2～4g、4～6g、6～8g、8～10g。当然在进行分组划分时，试验变量区间间隔越小则越准确，然而本研究的侧重点在于以杂草鲜重表型信息对应的精准变量对靶施药新模式和新方法，故使用 5 个鲜重梯度进行划分足以验证方法的适用性。

以苘麻为例如图 5-16 所示，取每个梯度范围的杂草 10 株，其中 5 株为试验组，5 株为空白对照组。将苯唑草酮采用梯度稀释的方法划分为 5 个梯度浓度，分别为最高推荐剂量的 1/16、1/8、1/4、1/2、1 与清水进行药液配置。经计算后喷雾剂量为 5.625、11.25、22.50、45.00、90.00g/hm²，而后按照浓度梯度将除草剂均匀喷洒至试验组试验对象上，空白对照组未经任何处理，以此方法分别处理各鲜重梯度内杂草。采用本研究所开发视觉技术检测杂草植

株鲜重数值，在每次施药后 3～5 天对植株进行观察，记录其生长状态。在施药 20 天后，计算杂草的鲜重抑制率以表征杂草的抑制情况。鲜重抑制率计算如式（5-8）所示，其值通常大于 50％ 则判定杂草已停止生长。

$$W=\frac{C-T}{C}\times100\%\qquad(5\text{-}8)$$

式中，W 为测试杂草的平均鲜重；T 为对照杂草的平均鲜重。

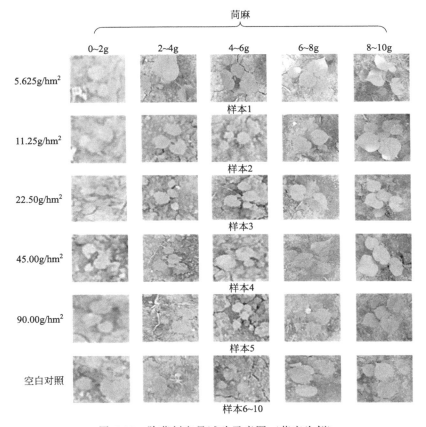

图 5-16　除草剂定量试验示意图（荷麻为例）

2. 除草剂与杂草鲜重量化关系分析

对除草剂与地上鲜重进行分析，可知杂草的地上鲜重和最低除草剂剂量之间存在正相关关系，随着除草剂剂量的上升，杂草的鲜重抑制率也呈上升趋势，同时可以明显看出，杂草地上鲜重较小的试验变量在各除草剂浓度下的鲜重抑制率明显更高，这意味着地上鲜重值较小的杂草更容易被杀死，且不受杂草种类影响。

本研究所获得的最终最佳药液剂量推荐如表 5-11 所示，针对苘麻杂草共存在三个推荐剂量，在视觉系统检测到苘麻类杂草并获得鲜重时，判断其重量属于何种区间，根据区间对应的最佳剂量给予 PWM 相应的流量脉冲，苘麻在 $0\sim4g$ 的最佳推荐剂量为 $22.5g/hm^2$，$4\sim8g$ 为 $45g/hm^2$，$8\sim10g$ 为 $90g/hm^2$。龙葵和苣荬菜同理，龙葵共存在 4 个推荐剂量。其中 $0\sim2g$ 的最佳推荐剂量为 $11.25g/hm^2$，$2\sim4g$ 为 $22.5g/hm^2$，$4\sim8g$ 为 $45g/hm^2$，$8\sim10g$ 为 $90g/hm^2$。苣荬菜共存在三个最佳推荐剂量，在 $0\sim4g$ 的最佳推荐剂量为 $22.5g/hm^2$，$4\sim6g$ 为 $45g/hm^2$，$6\sim10g$ 为 $90g/hm^2$。对于在预测中地上鲜重超过 10g 的杂草，均采用最高推荐剂量处理。

表 5-11　最佳推荐剂量表

种类	地上鲜重区间	最佳推荐剂量/(g/hm²)
苘麻	0～2g	22.5
	2～4g	22.5
	4～6g	45
	6～8g	45
	8～10g	90
龙葵	0～2g	11.25
	2～4g	22.5
	4～6g	45
	6～8g	45
	8～10g	90
苣荬菜	0～2g	22.5
	2～4g	22.5
	4～6g	45
	6～8g	90
	8～10g	90

二、变量对靶施药机器人农田除草试验与分析

1. 农田对靶除草试验结果

为验证杂草目标检测与鲜重预测系统在实际智能除草装备上的实际性能，

试制样机并进行田间试验。试验地区在黑龙江省哈尔滨市向阳农场试验田，为了探究该除草模式下的对靶率、除草率等指标，准备试验田大小为 400 m²，为标准玉米种植试验田，土壤类型为典型东北黑土壤，田间不仅含有本研究所需的苘麻、龙葵、苣荬菜三种杂草，同时含有其他杂草，未进行处理，在研究过程中对于其他杂草予以忽略处理。试验田株距为 250～300mm，垄距为550～750mm。末端执行器采用对垄安装方式。试验时间为 2021 年 6 月，此时玉米苗处在 3～5 叶期，和本研究采集时间基本一致。精准变量对靶施药机器人系统田间试验如图 5-17 所示。

(a) 机器人整体田间运行状态　　　(b) 精准变量对靶施药单元施药过程

图 5-17　精准变量对靶施药机器人系统田间试验

试验共测定除草作业的三种指标，分别为检测率、对靶率、杂草死亡率，以探索该系统是否满足实际作业需求。检测率如式（5-9）所示，对靶率如式（5-10）所示，除草率如式（5-11）所示，其中除草率是由人工统计并进行计算的。

$$\eta_1 = \frac{Q_1 - Q_2}{Q_1} \times 100\% \qquad (5\text{-}9)$$

式中，Q_1 为除草前杂草总数，株；Q_2 为视觉系统检测到杂草总数，株；η_1 为检测率，%。

$$\eta_2 = \frac{Q_2 - Q_3}{Q_2} \times 100\% \qquad (5\text{-}10)$$

式中，Q_3 为实际被药液喷洒的杂草总数，株；η_2 为对靶率，%。

$$\eta_3 = \frac{Q_4}{Q_1} \times 100\% \qquad (5\text{-}11)$$

式中，Q_4 为 20 天除草后杂草死亡数，株；η_3 为除草率，%。

2. 农田对靶除草试验分析

按以上试验条件进行田间试验部署，为消除试验的偶然性，设计五组重复试验，即对五垄进行实际喷洒试验，检测结果如表 5-12 所示。

表 5-12　试验结果

试验序号	种类	实际株数/株	检测株数/株	对靶株数/株	死亡株数/株	平均检测率/%	平均对靶率/%	平均除草率/%
1	苘麻	231	216	204	197	92%	86%	82%
	龙葵	147	134	126	119			
	苣荬菜	129	117	108	101			
2	苘麻	136	121	115	103	91%	85%	79%
	龙葵	221	204	196	191			
	苣荬菜	150	136	121	108			
3	苘麻	97	85	76	72	84%	75%	68%
	龙葵	92	78	69	63			
	苣荬菜	67	52	46	39			
4	苘麻	117	103	97	89	90%	82%	74%
	龙葵	163	147	133	129			
	苣荬菜	143	131	115	95			
5	苘麻	225	206	194	189	92%	85%	82%
	龙葵	126	113	105	101			
	苣荬菜	82	78	71	63			
总计		2126	1921	1776	1659	90%	84%	78%

其中杂草平均检测率为 90%，平均检测率基本与本研究所提出视觉模型一致。平均对靶率为 84%，导致存在一定对靶率损失的主要原因有以下几点：一是由于工作平台在非结构化农田中存在突然抖动的原因，会导致气雾喷头的突然错位；二是由于喷雾量本身就相对较小，在自然环境下由于风力的原因，会有一定的药液漂移情况发生，故导致未喷洒到杂草对靶中心处；三是由于电机响应频率过快，导致一定的丢转现象发生和电磁阀由于机械故障，未响应的情况都会导致对靶率的降低。另外苣荬菜的除草效果较差，是除草率降低的主要因素，其主要原因是苣荬菜对本唑草酮除草剂的敏感性较差，本试验装置仅考虑对基于杂草地上鲜重表型的除草剂变量施用模式进行验证，而未进行不同

种类杂草进行除草剂适应性匹配研究，将在后续研究中予以开发。配合杂草地上鲜重预测模型的精准变量对靶施药的平均除草率为78％，基本满足精准对靶施药要求，该精准变量对靶施药模式可为后续研究提供借鉴。

第六节　小结

本章提出了以杂草鲜重表型信息进行除草剂剂量适配性选用的精准变量对靶施药优化策略。采集田间三种杂草的 RGB-D 数据构建了两个基础数据集，杂草种类分别为苘麻、龙葵、苣荬菜。数据集包括杂草目标检测数据集和杂草地上鲜重数据集。同时为获取两种数据集的动态采集，提出一种高效的杂草 RGB-D 数据与杂草地上鲜重动态采集方法，可使所获数据既满足田间实际工况条件，又满足快速、高效、准确的采集原则。

与此同时，还提出基于双流密集特征融合网络的杂草地上鲜重检测模型，其以 YOLOv4 网络为前端检测结构，后端为用 RGB-D 多模态特征融合进行卷积神经网络回归的鲜重预测模型，模型以 KNN 的方法进行数据优化，并开发 Dense-NiN 模块用以高维矩阵特征信息的全局提取，实现多模态融合以实现功能。在结果测试与分析中，对前端网络进行对比选优，将 YOLOv4 模型与同样先进的 SSD、YOLOv5x、M2DNet 和 Faster R-CNN 网络进行比较。YOLOv4 的 mAP 得分是 0.7534，IOU 值为 0.8636，平均检测时间是 0.033s。除在检测速度上弱于 YOLOv5，其余均高于其他模型，故作为前端杂草检测模型被选用。将 Dense-NiN 模块分别嵌入 AlexNet、VGG19、Inception-V3、ResNet-101、DenseNet201 的回归网络中，双流密集融合网络（DenseNet201-rgbd）的 RMSE 值对应苘麻为 0.358，对应龙葵为 0.416，对应苣荬菜为 0.424，苘麻的 R^2 值为 0.9917，龙葵的 R^2 值为 0.9921，苣荬菜的 R^2 值为 0.9885，均优于其他嵌入型网络，同时也发现网络使用 RGB-D 信息作为输入源相较于 RGB 信息结果都更为准确，体现出多模态杂草空间特征表达对杂草地上鲜重预测的重要性。本研究开发了一种深度增强的数据增强方法，综合传统的增强方法共 4 种被使用于本研究。实验结果显示，去除随机旋转会使模型的平均 RMSE 增加 0.052，去除随机翻转会使模型的平均 RMSE 增加 0.050，去除亮度增强转换的结果比使用所有增强方法的 RMSE 值高 0.115，而去除深度增强方法检测模型的 RMSE 值会增加 0.129。因此，本研究开发的深度转换增强方法有助于提高模型的性能。研究探索了双流密集特征融合网络受杂草生长时期和杂草种类的影响，结果表明，在杂草生长的早期阶段，使用 RGB 和 RGB-D 作为输入获得的性能大致相同。在早期阶段，回归模型更依赖于植物的俯视区域进行回归预测。在随后的生长阶段，随着杂草逐渐长高，茎部占杂草重量的一定比例，植物的高度无法从 RGB 图像中获得，使用 RGB 图像获得的预测结果的准确性开始下降，而 RGB-D 信息所能提供的空间信息对于高度较高的杂草鲜重预测更有优势。通过可视化分析技术发现本研究所提出的网络在早期阶段获得的杂草深度数据的特征信息实际上被同一 Dense-Block 内更深的卷积滤波器所利用。过渡层的权重也分布在前面 Dense-Block 的所有层上，表明信息从 Dense-Block 的第一层到最后一层之间通过很少的间接关系流动，提高了信息的复用性和全局表达性。研究还探索了网络在杂草作物相互遮挡情况下的检测能力，结果表明，当杂草相互覆盖时，网络将它们识别成统一的个体，将导致所提供的杂草鲜重数据呈斑块状，当网络只识别出杂草的一部分，而不是整株杂草时，将会导致鲜重预测值过小。然而，本视觉模型的开发目的是为精准变量对靶施药技术提供视觉支持，除识别遗漏具有少量误差外，由于遮挡引起的误差对变量除草剂应用的影响不大。

设计了以杂草地上鲜重与除草剂剂量适配的精准变量对靶施药的末端执行单元，设计并组装了药液供给单元、状态检测单元、视觉处理单元、主控单元、药液喷施单元。最后，通过除草剂与杂草地上鲜重田间量化试验确定了二者的对应关系，又为验证系统的实际使用情况，开展田间试验，试验结果表明杂草的平均检测率为 90%，平均对靶率为 84%，平均除草率为 78%。

参考文献

[1] WANG S, HUANG X, ZHANG Y, et al. The effect of corn straw return on corn production in Northeast China: An integrated regional evaluation with meta-analysis and system dynamics [J]. Resources, Conservation and Recycling, 2021, 167: 105402.

[2] KONG X, 2020. Jilin Province Makes Great Contribution for National Food Security [N]. Jilin Daily. Accessed 19 November 2020.

[3] QUAN L, FENG H, LV Y, et al. Maize seedling detection under different growth stages and complex field environments based on an improved Faster R-CNN [J]. Biosystems Engineering, 2019, 184: 1-23.

[4] GIRSHICK R, DONAHUE J, DARRELL T, et al. Rich feature hierarchies for accurate object detection and semantic segmentation [C]. IEEE conference on computer vision and pattern recognition, 2014.

[5] GIRSHICK R. Fast r-cnn [C]. IEEE international conference on computer vision, 2015.

[6] EVERINGHAM M, VAN GOOL L, WILLIAMS C K, et al. The pascal visual object classes (voc) challenge [J]. International journal of computer vision, 2010, 88 (2): 303-338.

[7] REN S, HE K, GIRSHICK R, et al. Faster r-cnn: Towards real-time object detection with region proposal networks [J]. Advances in neural information processing systems, 2015, 28: 91-99.

[8] LAURSEN M S, JØRGENSEN R N, MIDTIBY H S, et al. Dicotyledon weed quantification algorithm for selective herbicide application in maize crops [J]. Sensors, 2016, 16 (11): 1848.

[9] SABANCI K, AYDIN C. Image processing based precision spraying robot [J]. Tarim Bilimleri Dergisi, 2014, 20 (4): 406-414.

[10] XIAOFU W, YUELI H, LICHAO W, et al. Effective Site Index Range and Target Fertilization Efficiency of Forestry Fertilization [J]. Journal of central south forestry universith, 1997, 1 (000).

[11] KAMILARIS A, PRENAFETA-BOLDú F X. Deep learning in agriculture: A survey [J]. Computers and electronics in agriculture, 2018, 147: 70-90.

[12] KAMILARIS A, PRENAFETA-BOLDú F X. A review of the use of convolutional neural networks in agriculture [J]. The Journal of Agricultural Science, 2018, 156 (3): 312-322.

[13] SCULLEY D, HOLT G, GOLOVIN D, et al. Machine learning: The high interest credit card of technical debt [J]. Se4ml Software Engineering for Machine Learning, 2014.

[14] HOWARD A G, ZHU M, CHEN B, et al. Mobilenets: Efficient convolutional neural networks for mobile vision applications [J]. arXiv preprint arXiv: 170404861, 2017.

[15] SANDLER M, HOWARD A, ZHU M, et al. MobileNetV2: Inverted residuals and linear bottlenecks [C]. IEEE/CVF conference on computer vision and pattern recognition, 2018.

[16] TAN M, CHEN B, PANG R, et al. Mnasnet: Platform-aware neural architecture search for mo-

bile [C]. IEEE/CVF conference on computer vision and pattern recognition，2019.

[17] HOWARD A，SANDLER M，CHU G，et al. Searching for mobilenetv3 [C]. IEEE/CVF international conference on computer vision，2019.

[18] HASSIBI B，STORK D G，WOLFF G J. Optimal brain surgeon and general network pruning [C]. IEEE international conference on neural networks，1993.

[19] HAN S，POOL J，TRAN J，et al. Learning both weights and connections for efficient neural network [J]. Advances in neural information processing systems，2015，28.

[20] HUANG Q，ZHOU K，YOU S，et al. Learning to prune filters in convolutional neural networks [C]. 2018 IEEE winter conference on applications of computer vision（WACV），2018.

[21] FAWCETT T. An introduction to ROC analysis [J]. Pattern recognition letters，2006，27（8）：861-874.

[22] 陈子文，李南，孙哲，等. 行星刷式株间锄草机械手优化与试验 [J]. 农业机械学报，2015，46（09）：94-99.

[23] TIAN Y，YANG G，WANG Z，et al. Apple detection during different growth stages in orchards using the improved YOLO-V3 model [J]. Computers and Electronics in Agriculture，2019，157：417-426.

[24] LAM E Y. Combining gray world and retinex theory for automatic white balance in digital photography [C]. The Ninth International Symposium on Consumer Electronics（ISCE），2005.

[25] 王宇，黄春艳，郭玉莲，等. 春玉米田杂草防治关键期 [J]. 黑龙江农业科学，2017（06）：33-36.

[26] REDMON J，FARHADI A. Yolov3：An incremental improvement [J]. arXiv preprint arXiv：180402767，2018.

[27] REDMON J，DIVVALA S，GIRSHICK R，et al. You only look once：Unified，real-time object detection [C]. IEEE conference on computer vision and pattern recognition，2016.

[28] REDMON J，FARHADI A. YOLO9000：better，faster，stronger [C]. IEEE conference on computer vision and pattern recognition，2017.

[29] MEYER G E，NETO J C. Verification of color vegetation indices for automated crop imaging applications [J]. Computers and electronics in agriculture，2008，63（2）：282-293.

[30] ORLOFF N，MANGOLD J，MILLER Z，et al. A meta-analysis of field bindweed（*Convolvulus arvensis* L.）and Canada thistle（Cirsium arvense L.）management in organic agricultural systems [J]. Agriculture，Ecosystems & Environment，2018，254：264-272.

[31] BAWDEN O，KULK J，RUSSELL R，et al. Robot for weed species plant—specific management [J]. Journal of Field Robotics，2017，34（6）：1179-1199.

[32] HANG C，HUANG Y，ZHU R. Analysis of the movement behaviour of soil between subsoilers based on the discrete element method [J]. Journal of Terramechanics，2017，74：35-43.

[33] HANG C，GAO X，YUAN M，et al. Discrete element simulations and experiments of soil disturbance as affected by the tine spacing of subsoiler [J]. Biosystems Engineering，2018，168：73-82.

[34] BARR J B，UCGUL M，DESBIOLLES J M，et al. Simulating the effect of rake angle on narrow opener performance with the discrete element method [J]. Biosystems Engineering，2018，171：1-15.

[35] 王彩芳.一种简化 S 型加减速算法的研究 [J].机电工程技术，2016，45（07）：56-60.

[36] 朱晓春，屈波，孙来业，等.S 曲线加减速控制方法研究 [J].中国制造业信息化，2006（23）：38-40.

[37] MELANDER B，LATTANZI B，PANNACCI E. Intelligent versus non-intelligent mechanical intra-row weed control in transplanted onion and cabbage [J]. Crop Protection，2015，72：1-8.

[38] UTSTUMO T，URDAL F，BREVIK A，et al. Robotic in-row weed control in vegetables [J]. Computers and Electronics in Agriculture，2018，154：36-45.

[39] HEISEL T，ANDREASEN C，CHRISTENSEN S. Sugarbeet yield response to competition from Sinapis arvensis or Lolium perenne growing at three different distances from the beet and removed at various times during early growth [J]. Weed Research，2002，42：406-413.

[40] 李大华，包学娟，于晓，等.基于 YOLOv3 网络的自然环境下青苹果检测与识别 [J].激光杂志，2021，42（01）：71-77.

[41] 熊俊涛，郑镇辉，梁嘉恩，等.基于改进 YOLOv3 网络的夜间环境柑橘识别方法 [J].农业机械学报，2020，51（04）：199-206.

[42] 刘芳，刘玉坤，林森，等.基于改进型 YOLO 的复杂环境下番茄果实快速识别方法 [J].农业机械学报，2020，51（06）：229-237.

[43] WU D，LV S，JIANG M，et al. Using channel pruning-based YOLOv4 deep learning algorithm for the real-time and accurate detection of apple flowers in natural environments [J]. Computers and Electronics in Agriculture，2020，178.

[44] BOCHKOVSKIY A，WANG C-Y，LIAO H-Y M. Yolov4：Optimal speed and accuracy of object detection [J]. arXiv preprint arXiv：200410934，2020.

[45] REDMON J，DIVVALA S，GIRSHICK R，et al. You Only Look Once：Unified，Real-Time Object Detection [C]. IEEE Conference on Computer Vision and Pattern Recognition（CVPR），2016.

[46] WANG C Y，LIAO H Y M，WU Y H，et al. CSPNet：A New Backbone that can Enhance Learning Capability of CNN [C]. 2020 IEEE/CVF Conference on Computer Vision and Pattern Recognition Workshops（CVPRW），2020.

[47] CHENG Z，ZHANG F. Flower End-to-End Detection Based on YOLOv4 Using a Mobile Device [J]. Wirel Commun Mob Comput，2020（2）：1-9.

[48] 周志华.机器学习 [M].北京：清华大学出版社，2016.

[49] BERG M. A Non-Linear Rubber Spring Model for Rail Vehicle Dynamics Analysis [J]. Vehicle System Dynamics，1998，30：197-212.

[50] 赵淑红，蒋恩臣，闫以勋，等.小麦播种机开沟器双向平行四杆仿形机构的设计及运动仿真 [J].农业工程学报，2013，29（14）：26-32.

[51] 苏有良.按最小传动角最大的曲柄摇杆机构优化设计 [J].机械设计，2014，31（06）：29-33.

[52] 周福君，王文明，李小利，等.凸轮摇杆式摆动型玉米株间除草装置设计与试验 [J].农业机械学报，2018，49（01）：77-85.

[53] 张桂菊，肖才远，谭青，等.基于虚拟样机技术挖掘机工作装置动力学分析及仿真 [J].中南大学学报（自然科学版），2014，45（06）：1827-1833.

[54] 王文明，高英敏，王倩，等.基于 ADAMS 的栽植器鸭嘴运动的改进设计 [J].农机化研究，2009，

31（03）：123-129.

[55] 黄小龙，刘卫东，张春龙，等.苗间锄草机器人锄草刀优化设计 [J].农业机械学报，2012，43（06）：42-46.

[56] 葛云，吴雪飞，王磊，等.基于 ANSYS 微型旋耕机旋耕弯刀的应力仿真 [J].石河子大学学报（自然科学版），2007（05）：627-629.

[57] 李文春，王斌，刘晓丽，等.基于 ANSYS 的果园避障旋耕机旋耕刀片有限元分析 [J].江苏农业科学，2017，45（01）：193-197.

[58] 陈祖霖，黄峰，吴靖，等.步进电机 S 曲线调速控制研究 [J].福州大学学报（自然科学版），2019，47（05）：640-645.

[59] 花同.步进电机控制系统设计 [J].电子设计工程，2011，19（15）：13-15.

[60] 李鑫.遥控式双行水田行间除草机设计与试验 [D].哈尔滨：东北农业大学，2019.

[61] 葛宜元，梁秋艳，王桂莲.试验设计方法与 Design-Expert 软件应用 [M].哈尔滨：哈尔滨工业大学出版社，2015.

[62] WENG Y，ZENG R，WU C，et al. A survey on deep-learning-based plant phenotype research in agriculture [J]. Scientia Sinica Vitae，2019.

[63] PARTEL V，CHARAN KAKARLA S，AMPATZIDIS Y. Development and evaluation of a low-cost and smart technology for precision weed management utilizing artificial intelligence [J]. Computers and Electronics in Agriculture，2019，157：339-350.

[64] HENKE M，JUNKER A，NEUMANN K，et al. A two-step registration-classification approach to automated segmentation of multimodal images for high-throughput greenhouse plant phenotyping [J]. Plant Methods，2020，16.

[65] IENCO D，GAETANO R，DUPAQUIER C，et al. Land Cover Classification via Multitemporal Spatial Data by Deep Recurrent Neural Networks [J]. IEEE Geoscience and Remote Sensing Letters，2017，14：1685-1689.

[66] LEE S H，CHAN C S，WILKIN P，et al. Deep-plant：Plant identification with convolutional neural networks [J].2015 IEEE International Conference on Image Processing（ICIP），2015：452-456.

[67] YU Y，ZHANG K，YANG L，et al. Fruit detection for strawberry harvesting robot in non-structural environment based on Mask-RCNN [J].Computers and Electronics in Agriculture，2019，163.

[68] 乔虹，冯全，赵兵，等.基于 Mask R-CNN 的葡萄叶片实例分割 [J].林业机械与木工设备，2019，47（10）：15-22.

[69] DUTTA A，ZISSERMAN A. The VGG Image Annotator（VIA）[J].DOI：10.48550/ArXiv.1904.10699，2019.

[70] LU J，BEHBOOD V，HAO P，et al. Transfer learning using computational intelligence：A survey [J].Knowledge-Based Systems，2015，80：14-23.

[71] LIN T-Y，MAIRE M，BELONGIE S J，et al. Microsoft COCO：Common Objects in Context [J].ArXiv，abs/1405.0312，2014.

[72] 刘伟，汪小旵，丁为民，等.背负式喷雾器变量喷雾控制系统设计与特性分析 [J].农业工程学报，

2012，28（09）：16-21.

[73] 史岩，祁力钧，傅泽田，等.压力式变量喷雾系统建模与仿真［J］.农业工程学报，2004（05）：118-121.

[74] 张文昭，刘志壮.3WY-A3 型喷雾机变量喷雾实时混药控制试验［J］.农业工程学报，2011，27（11）：130-133.

[75] REN S，HE K，GIRSHICK R，et al. Faster R-CNN：Towards Real-Time Object Detection with Region Proposal Networks ［J］. IEEE Transactions on Pattern Analysis and Machine Intelligence，2017，39（6）：1137-1149.

[76] LIN T T. Label Img ［EB/OL］.

[77] KRIZHEVSKY A，SUTSKEVER I，HINTON G. ImageNet Classification with Deep Convolutional Neural Networks ［J］. Neural Information Processing Systems，2012，25.

[78] SIMONYAN K，ZISSERMAN A. Very Deep Convolutional Networks for Large-Scale Image Recognition ［J］. arXiv preprint arXiv：1409. 1556，2014.

[79] CHOLLET F. Xception：Deep Learning with Depthwise Separable Convolutions ［C］. IEEE conference on computer vision and pattern recognition，2017：1251-1258.

[80] HUANG G，LIU Z，MAATEN L V D，et al. Densely Connected Convolutional Networks ［C］. 2017 IEEE Conference on Computer Vision and Pattern Recognition （CVPR），2017.

[81] BENGIO Y，COURVILLE A，VINCENT P. Representation Learning：A Review and New Perspectives ［J］. IEEE transactions on pattern analysis and machine intelligence，2013，35：1798-1828.

[82] ZHAO Q，SHENG T，WANG Y，et al. M2Det：A Single-Shot Object Detector Based on Multi-Level Feature Pyramid Network ［J］. Proceedings of the AAAI Conference on Artificial Intelligence，2019，33：9259-9266.